圍爐夜話 偶譚

禪境

［清］王永彬　著
［明］李　鼎　著
吳言生　譯注

《禅境丛书》编委会

（按姓氏笔画为序）

清言·慧语·禅境

——《禅境丛书》序

一

因缘本是前生定，一笑相逢对故人。人与人的相逢，人与禅境的相遇，全都仰赖于一个缘字。正是这一个缘字，让我们穿越时空，相会在当下，相会在清言、慧语、禅境里。

我从哪里来，我来做什么，我到哪里去？这三个问题，是所有宗教都必须回答的问题。对于第一个和第三个问题，且借用一句"从来处来，到去处去"的禅语，将来与去交还给来与去，这里只谈谈第二个问题：我来干什么？

我们在这个世界上，到底是来做什么呢？对于芸芸众生而言，就是在五欲六尘中打转。所谓五欲，就是财、色、名、食、睡，使我们终其一生为之殚精竭虑，绞尽脑汁，耗神劳心；所谓六尘，就是色、声、香、味、触、法，它们像灰尘一样，污染着眼、耳、鼻、舌、身、意六种感觉器官。人被五欲六尘所转，就在苦海之中头出头没，轮回不止。"心为形役，尘世马牛；身被名牵，樊笼鸡犬。"（《小窗幽记》）纵然地位尊荣，声名显赫，家财万贯，但最终"阎王照样土里拖"！我们这一生岂不是过于悲凉，"回头试想真无趣"！

　　确实，轮回在五欲六尘中的众生，在苦海中头出头没，在欲界色界无色界苦苦煎熬。从终极意义上看，生命没有任何意义可言，四大五蕴皆是空。滚滚长江东逝水，浪花淘尽英雄，风流总被雨打风吹去。有一首禅偈说："天是棺材盖，地是棺材底。跑来与跑去，总在棺材里！"如何冲破五欲的束缚，摆脱六尘的污染；如何在红尘中修行，在俗世中成就，如何把烦恼痛苦的红尘世界，转化为快乐幸福的修行道场，是一个极为重要的命题。

　　对这个命题，历史上得道的圣贤们一直在探讨实践，以他们冷隽的眼光，热情的心肠，为芸芸众生指明了解脱超越的方向。儒家标举孔颜乐处，塑造了将不义的富贵看作浮云的孔圣人、箪食瓢饮在陋巷中怡然自得的颜回；道家标举逍遥游，塑造了骑着青牛远涉流沙的老子、持着钓竿自得于濮水的庄周；释家标举在世出世，塑造了放弃王位苦苦修行、普度众生的佛陀。三教圣人倒驾慈航，为世人指点迷津。每一个中国人的精神生命，无不受到这三家文化的恩惠和滋养；每个中国人的精神基因里，都深深烙上了三教思想的印记。在中国文化的长河中，将三家精髓落实到生活中，运用到红尘里，将凝重的经典转化为审美的人生，将圣人的感悟转化为人生的智慧，明清的清言小品实在是居功甚伟。

二

　　"清言"，又称清语、冰言、隽语等。所谓"清"，是指与混浊的尘世相比而言的清明美好的境界。"小品"一词原为佛家用语，佛家将佛经的全本或繁本称为"大品"，与之相对的节略本称为"小品"，因此小品的本义是指佛家经典的简略译本。明代使用小品这一概念，主要是和那些高头讲章区别开来。清言小品这种体裁，在唐宋之前以《世说新语》为代表，唐宋以后开始大量涌现，主要是受了禅宗语录的影响。中唐以后，记录高僧说法的禅宗语录广为盛行，到宋代出现了摹拟它的儒家学者的语录，如《朱子语类》等。到了明代，清言小品蔚然兴起，成为一种特殊的文学形式。由于道德桎梏有所松驰，文人们可以自由大胆地表露性灵，文坛上涌现了一批极具个性、创造力极为旺盛的才子，性情的解放达到了高潮。而清言小品这种形式，不拘长短，不泥骈散，随手点染，最适于抒发性情，为文人们写作时所青睐。他们竞相创作，涌现了一批立意警拔、韵律谐美、清畅优美的清言类著作，林语堂先生将之称为"享受自然和人生的警句和格言"。其中最具代表的首推《菜根谭》。

《菜根谭》是明朝万历间问世的一部奇书，它是绝意仕途的隐士洪应明写的一本语录体著作。北宋学者汪信民说，一个人能够"咬得菜根"，则"百事可做"。洪应明以"心安茅屋稳，性定菜根香"为主旨，写下了脍炙人口的菜根箴言，成为流传广远的格言体人生智慧宝典。全书融合了儒家的中庸、道家的无为、释家的超脱，搅酥酪长河成一味，熔瓶盘钗钏为一金。《菜根谭》中的箴言，适用于社会各个阶层的人，特别是为古代的士君子们展示了一种梦寐以求的理想生活：隐居在幽静美丽的世外桃源，炉烟袅袅，茶香悠悠，幕天席地，醉卧落花，有山水清音，有菜根香韵。并且，即便是置身红尘闹市，也能任他红尘滚滚，我自清风明月，百花丛中过，片叶不沾身。它所标举的风致情怀，受到了普遍的击节赞赏。

　　《娑罗馆清言》是明代文学家屠隆（1543—1605）的杰作。屠隆，字长卿，又字纬真，号赤水、纬真子、娑罗馆主，鄞县（今浙江宁波鄞州区）人。万历五年（1577）进士。他在县令任上，经常招携当地名士登山临水，饮酒赋诗，并以"仙令"自许。罢官归隐田园之后，过上了许多中国文人心仪神往的诗书耕读生活。他曾追随明末四大高僧之一的莲池大师修习佛法，故《娑罗馆清言》染上了浓重的禅学色彩。佛祖释迦牟尼在娑罗树下进入涅槃，书名用"娑罗"二字，说明屠隆的情怀志向与佛教密切关联。《娑罗馆清言》是一部禅学珍言集，是作者"跏趺出定，意兴偶到"（《自序》）之际用神来之笔创作而成的"积思玄通，孤情直上"之作。（章载道《清言叙》）对此作者在《自序》中也不无自负之情："余之为清言，能使愁人立喜，热夫就凉，若披惠风，若饮甘露。"

　　《小窗自纪》是明末文人吴从先撰写的清言小品集。吴从先，字宁野，号小窗，江苏常州人。毕生博览群书，醉心著述。他的朋友吴逵说他："为人慷慨淡漠，好读书，多著述，世以文称之；重视一诺，轻挥千金，世以侠名之；而不善视生产，不屑争便径，不解作深机，世又以痴目之。"（《小窗清纪·序》）可见他除了文誉炽盛之外，还有豪侠仗义、耿直任性、憨厚醇正的品性。全书将为人处世的智慧，修身养性的箴言，娓娓道来，情文并茂。才气横溢，对仗精工，隽永精粹，耐人寻味。

　　《小窗幽记》是托名明末文学家陈继儒（1558—1639）的一部著作。陈继儒，号眉公，松江华亭（今上海松江）人，文名重于当世。《明史》称他"短翰小词，皆极风致……或刺取琐言僻事，诠次成书，远远竞相购写"。也许是有人看到了他的盛名所蕴含的巨大价值，将晚明陆绍珩辑录的《醉古堂剑扫》改头换面，用《小窗幽记》的书名，在乾隆三十五年（1770）出版。出版之后，世人深信它为眉公所辑，这当是因为此书立意警拔，智慧深邃，情致洒脱，正符合世人心目中的眉公形象。前人在《序言》中盛赞它"语带烟霞，韵谐金石"，可见其境界高华，品位超俗。《小窗幽记》包罗了为人处世、情感个性、境界品位、怡情养性等诸多方面的内容。书中辑录的佳句来源广泛。书中倡导充满诗情和禅意的生活。摒落浮华，回归自然，凝神审美如一泓甜美而甘冽的清泉，滋润着红尘俗世中干涸皲裂的心灵。

　　《幽梦影》是清代张潮（1650—?）的作品。张潮，字山来，号心斋，安徽歙县人。屡战科场，连连失败，遂绝意仕途，闭门写作，广交文友。座中客常满，经年无倦色。这种生活方式为他带来了盛誉，强烈地刺激了他的文学创作。他在继承家业后，以写作和刻书为务，成为清初徽州府籍最大的坊刻家之一，这也为其著作刊行带来了便利。《幽梦影》纯粹为作者情趣的流露，他极为看重人生的"真"与"趣"，重性情，讲趣味，喜园林，爱山水，也爱美人，追求恣意洒脱、至情至性的生活状态。书中最为精彩的地方，就是他对审美感受独到而细腻的描绘。张潮在创作过程中，将平日心得写下来，交给朋友传阅评点，最后结集出版。这就意味着他一边创作，朋友们就在一边围观点赞。这样的互动模式激发了百余位学者共同欣赏、评点的热情。在原文中夹杂评语的方式，创造了新的写作模式，大大增强了人气和现场互动氛围，在当时就获得了极大的成功。《幽梦影》是一部唯美的作品，用美的眼光发现美的事物，作者是痴情之人，所写的都是痴情之语。"为月忧云，为书忧蠹，为花忧风雨，为才子佳人忧命薄，真是菩萨心肠。"《幽梦影》通篇充满着这种"菩萨心肠"，充满着"情必近于痴而始真"的真性情。正可谓不俗即仙骨，多情乃佛心。

《幽梦续影》是清代朱锡绶所作。朱锡绶，号龠山草衣，江苏太仓人，道光二十六年（1846）举人，曾任知县，能诗擅画。《幽梦续影》承张潮余绪，涉猎艺苑，感悟人生，也时有灵光闪现的神来之笔，充盈着高人趣味和雅士情怀。今与《幽梦影》合成一册。

《围炉夜话》是清代咸丰时人王永彬写的一部劝世之作，涵盖了修身养性、为人处世、治学立业、教子齐家等诸多人生话题。与《菜根谭》、《小窗幽记》一起被后世称为"处世三大奇书"。作者以儒家思想为根基，洞察人情，见微知著，振聋发聩。以儒家的思想来观照禅学，把佛教的修行落实于日常的待人接物上，是此书的一大特色。所谓"肯救人坑坎中，便是活菩萨"，"作善降祥，不善降殃，可见尘世之间，已分天堂地狱"。书中还特别重视对青少年的教育和培养。阅读这本书，就像一群后生跟着一位饱经沧桑、德高望重的长者，在白日的喧嚣后安静下来，围着温暖的火炉，脸上映着红彤彤的火苗，兴致盎然地听他娓娓而谈，让人感觉世界是如此宁静、生活是如此美好。

《偶谭》为明代李鼎所著。李鼎字长卿，豫章（今江西南昌）人。《偶谭》篇幅短小，"兴到辄成小诗，附以偶然之语，亦云无过三行"，但碎金美玉，时时可见。通篇充溢着睿智洒脱的禅学气息、玲珑透彻的人生感悟。因本书篇幅较小，所以和《围炉夜话》合为一册。

三

《禅境丛书》选入的八部明清小品，都充满人生智慧，文质双美，表里澄澈。

形式之美。一是对仗工整。它们几乎都是清一色的对句（联语、对语、偶语、韵语），有联珠贯玉之美。二是短小精粹。作者即兴点染，不拘一格，篇幅短小，轻松易读。三是音律谐美。这些清言隽语，字字珠圆，句句玉润。读来朗朗上口，谐金石之声，夺宫商之韵。四是譬喻巧妙。行云流水，悟透般若智慧；巧譬妙喻，道破尘缘万象。五是雅俗兼采。在自铸新词的同时，还征引、化用先哲格言、佛禅慧语、古典名句。六是通俗易懂。借鉴了语录体的创作，让读者读得懂，也想得通。

内容之美。举凡修身养性、为人处世、日常伦理、出世入世、高人风致、隐士情怀、山水品鉴、审美感受等，无不网罗殆尽。儒家、道家、释家，三教思想兼融；入世、出世、济世，三圣情怀并具。中国文化三教合流，这在清言中也体现得非常明显。清言汲取儒家思想菁华，强调安贫乐道的精神；汲取道家思想菁华，标举虚静无为的风度；吸取佛家思想菁华，提倡超凡入圣的禅境。这些作品博采诸家，并洋溢着山居的气象和情趣。在清言中，俗世生活往往受到否定，山林生活总是得到肯定，令人向往："交市人不如友山翁"（《菜根谭》），"居绮城不如居陋巷"（《小窗自纪》），"一生清福，只在茗碗炉烟"（《小窗幽记》）。禅意的山居，并不限于山林，在红尘中活出山林的气象，才是真正的山林。"有浮云富贵之风，而不必岩栖穴处。"（《菜根谭》）

相反，如果一个人不能悟道，就会"居闹市生嚣杂之心"（《娑罗馆清言》）。因此，只要心中宁静，红尘不异山林，喧嚣不碍宁静："心地上无风涛，随在皆青山绿水"，"心远处自无车尘马足"。（《菜根谭》）"胸藏丘壑，城市不异山林；兴寄烟霞，阎浮有如蓬岛。"（《幽梦影》）于是，好酒而不滥饮，好色而不滥交，好财而不贪婪，好道而不弃家，就成了心向往之的人生境界。作为前贤感悟人生的成果，这些作品把人生的要义、处世的妙谛、修炼的体会，在只言片语中阐发无遗，诚可谓"冷语、隽语、韵语，即片语亦重九鼎"（吴从先《小窗自纪》）。

清言慧语，展现了澄明高远的禅境，堪称现代人修身养性的指南。如：

动静圆融的禅境："定云止水中，有鸢飞鱼跃的气象。"（《菜根谭》）"至人除心不除境，境在而心常寂然。"（《续娑罗馆清言》）

出入不二的禅境："人能看得破认得真，才可以任天下之负担，亦可脱世间之缰锁。"（《菜根谭》）"必出世者方能入世"，"必入世者方能出世"。（《小窗自纪》）"宇宙内事，要担当，又要善摆脱。"（《小窗幽记》）

定力深厚的禅境："风斜雨急处，要立得脚定；花浓柳艳处，要着得眼高。"（《菜根谭》）

无住生心的禅境："风来疏竹，风过而竹不留声；雁渡寒潭，雁去而潭不留影。""竹影扫阶尘不动，月轮穿沼水无痕"，"水流任急境常静，花落虽频意自闲。"（《菜根谭》）

苦乐由心的禅境："知足者仙境，不知足者凡境。""心无染着，欲界是仙都；心有挂牵，乐境成苦海矣。""人生福境祸区，皆念想所造成。""世亦不尘，海亦不苦，彼自尘苦其心尔。"
(《菜根谭》)

证悟空性的禅境："山河大地已属微尘，而况尘中之尘；血肉身躯且归泡影，而况影外之影。"(《菜根谭》)

圆满无瑕的禅境："此心常看得圆满，天下自无缺陷之世界。"(《菜根谭》)

宠辱不惊的禅境："宠辱不惊，闲看庭前花开花落；去留无意，漫随天外云卷云舒。"(《菜根谭》)

确实，虽然尘世溷扰喧嚣，但只要我们养成一种超越的精神、不染的心境、随缘的态度、洒脱的情怀，就能在世俗红尘中，感悟到禅境的宁静高远、澄澈美丽。

四

《幽梦影》说："著得一部新书，便是千秋大业；注得一部古书，允为万世弘功。"清言作家们，泽被后世；而我注译这套《禅境丛书》，却并不奢望为"万世弘功"，只是出于纯粹的爱好和兴趣。多年来，我一直憧憬着《禅境丛书》所描绘的生活，所以带着欢喜心，把禅的感悟分享给大家。

本丛书的整理，包括校勘、译文、注释几个方面。

版本：择优而选。《菜根谭》用日本流行本；《娑罗馆清言》用宝颜堂秘笈本；《小窗自纪》用万历本；《小窗幽记》用乾隆本；《幽梦影》用康熙本；《幽梦续影》用漪喜斋刻本；《围炉夜话》用通行本；《偶谭》用丛书集成初编本。

校勘：对每一种作品的几种版本相互参校，择善而从，不出校记；对相重的篇目，注明亦见某书，不作繁琐考论。对原书中有些迂腐不当的条目，没有选入。

译文：为便于读者理解，在每一则原文上新加了标题。考虑到原文多是对句，译文也基本采取了大体整齐的句式。用意译和直译相结合的方式，尽量兼顾严谨与灵活。

注释：只对必要的典故、词语加以注释。对可以在译文中体现出意思的典故，为节省篇幅，不再另行作注。

当今之世，我们内心的那份真性情早已被滚滚红尘封闭禁锢了，被"妖歌艳舞"淹没了，以致我们与它"当面错过"，"咫尺千里"。(《菜根谭》)阅读这套丛书，可以重现尘封已久的真性情、真面目。当我们苦于城市的嚣嚷时，心灵必然要找一方净土。而这方净土不在别处，就在《禅境丛书》所展现的禅天禅地之中。

现在，就让我们摒落尘缘万象，挑起云水襟怀，随同澄明的智者们，攀登智慧的山峰，进入禅意的境界，品鉴禅悟人生的无限风光吧！

灵山一会犹然在，禅天禅地一笑逢。

我相信，当我们慢慢品味禅境时，会觉得菜根越来越甘甜醇厚，娑罗树间的月色越来越清亮如水，小窗里的灯烛越来越摇曳生姿，幽梦中的倩影越来越美丽多情，围炉边的叙谈越来越温暖如春……

吴言生

2016 年 3 月 31 日于佛都长安

目　录

围炉夜话

［清］ 王永彬 著

教子弟于幼时　检身心于平日

教子弟于幼时，便当有正大光明气象；检身心于平日，不可无忧勤惕厉功夫[1]。

今译　教导晚辈要从幼年时代开始，
　　　使他们养成正大光明的气概；
　　　约束身心要从日常生活开始，
　　　要有发奋勤劳和谨慎砥砺的修养。

注释　[1] 忧勤：多指帝王或朝廷为国事而忧虑勤劳。惕厉：
　　　警惕谨慎，戒惧激励。语出《易·乾》："君子终
　　　日乾乾，夕惕若厉，无咎。"

交游应学其所长　读书要身体力行

与朋友交游，须将他好处留心学来，方能受益；对圣贤言语，必要我平时照样行去，才算读书。

今译　和朋友交游，必须用心地学习他们的优点和长处，
　　　才算是得到了交友的益处；
　　　对圣贤的话，必须努力地将它运用于自己的生活，

才算是收到了读书的效用。

❧ 俭可济贫　勤可补拙 ❧

贫无可奈惟求俭，拙亦何妨只要勤。

今译　贫穷得没办法时有何要紧？
只要自己尽量地活得节俭，
也还是照样可以过得下去。
天性愚笨一些有什么关系？
只要自己比别人更加勤奋，
还是照样可以迎头赶上的。

❧ 听稳当话者不多　做本分人者甚少 ❧

稳当话，却是平常话，所以听稳当话者不多；本分人，即是快活人，无奈做本分人者甚少。

今译　安稳而妥当的话是平常不足奇的，
所以世上喜欢听稳当话的并不多；

安分守己的人能够活得自由快活，
可惜世上能安分守己的人太少有。

处事代人想　读书须用功

处事要代人作想，读书须切己用功。

今译　　处理事情的时候，要设身处地地多替人想；
阅读书籍的时候，要切切实实地勤奋用功。

信为立身之本　恕是接物之要

一信字是立身之本[1]，所以人不可无也；一恕字
是接物之要[2]，所以终身可行也。

今译　　"信"字是我们立身处世的根本，
因此，人不能不讲信用；
"恕"字是我们待人接物的原则，
所以，值得我们一辈子奉行。

注释　　[1]"一信字"句：《论语·为政》："人而无信，不知其可也。"

　　　　[2]"一恕字"句：《论语·卫灵公》："子贡问曰：'有一言而可以终身行之者乎？'子曰：'其恕乎。己所不欲，勿施于人。'"

❦ 多言杀身　积财丧命

人皆欲会说话，苏秦乃因会说而杀身[1]；人皆欲多积财，石崇乃因多积财而丧命[2]。

今译　　每个人都希望自己能练出很好的口才，
　　　　但是战国时的苏秦就是因为口才太好，
　　　　才招致了齐人的担心而派人将他杀死；
　　　　每个人都希望自己能积聚起很多财富，
　　　　然而晋代的石崇就是因为财富过于多，
　　　　才会遭到别人的嫉妒而惹来杀身之祸。

注释　　[1]"苏秦"句：苏秦，战国时东周洛阳人。游说六国，合纵抗秦，佩六国相印，为纵约之长。后合纵盟约瓦解，苏秦至齐为客卿，与齐大夫争宠，被刺身亡。

　　　　[2]"石崇"句：石崇，晋人。生活豪奢，富可敌国，后因遭忌而被杀。

严可平躁 敬可化邪

教小儿宜严，严气足以平躁气；待小人宜敬，敬心可以化邪心。

今译 教导心思灵动的小孩最好能用严格的态度，
严格不苟的态度可以消解他们浮躁的心气；
对待心思邪曲的小人最好能用尊重的态度，
谨慎尊重的态度可以化解他们邪僻的心思。

善谋生不必富 善处事不利己

善谋生者，但令长幼内外，勤修恒业，而不必富其家；善处事者，但就是非可否，审定章程，而不必利于己。

今译 擅长于维持生计的人不一定有奇招，
只是使家中老年少年或者近亲远亲，
每个人都能勤勉地将分内的事做完，
而不一定非得使家道大富；
擅长于处理事务的人不一定有奇才，

只是就事情的正误与可否能够实行，
加以判断并订立处理的规则和程序，
而不一定非得对自己有利。

贪名利福终为祸　耐困穷苦定甘回

　　名利之不宜得者竟得之，福终为祸；困穷之最难耐者能耐之，苦定甘回。生资之高在忠信，非关机巧；学业之美在德行，不仅文章。

今译　得到不该得到的名声和利益，
　　　　福享用完后祸害一定会生起；
　　　　挨过最难以忍耐的贫穷困厄，
　　　　苦难过去后幸福终究会到来。
　　　　一个人资质高的具体表现是：
　　　　对任何事尽心尽意讲究信用，
　　　　而不在于善用机变心思巧妙。
　　　　一个人学问深的具体表现是：
　　　　他道德高尚品行端正而美好，
　　　　而不在于文章写得是否美妙。

君子力挽江河　名士光争日月

风俗日趋于奢淫，靡所底止，安得有敦古朴之君子，力挽江河；人心日丧其廉耻，渐至消亡，安得有讲名节之大人，光争日月。

> **今译**　社会风气一天比一天奢侈浮华，
> 变本加厉却并没有改善的迹象，
> 怎么才能出现质朴无华的君子，
> 雷厉风行地改善这种奢靡风气，
> 使堕落的世风回归到善良质朴；
> 世道人心一天比一天少廉寡耻，
> 总有一天会彻头彻尾廉耻尽丧，
> 怎么才能出现崇尚气节的大人，
> 振聋发聩地唤醒人的廉耻之心，
> 使我们的人格可以与日月争辉？

心正神明见　耐苦安乐多

人心统耳目官骸[1]，而于百体为君[2]，必随处见神明之宰；人面合眉眼鼻口，以成一字曰苦，知终身无安逸之时。

今译　　人心统辖人的五官及全身，

可以说是四肢百骸的主宰，

一定要随时随地清楚明白，

才能使言行见闻不致出错。

人的脸是由眉眼鼻口组成，

若将两眉当作部首的草头，

两眼成为一横鼻子是一竖，

鼻子的下面正好是个口字，

这些笔画加起来成为苦字。

可见人的命运中注定有苦，

终其一生没有安逸的时候。

注释　　[1] 官骸：身躯，形体。

[2] 百体：人体的各个部分。

人心足倚恃　天道好循环

伍子胥报父兄之仇，而郢都灭[1]；申包胥救君上之难，而楚国存[2]，可知人心足恃也。秦始皇灭东周之岁，而刘季生[3]；梁武帝灭南齐之年，而侯景降[4]，可知天道好还也。

今译　　伍子胥为报父兄之仇发誓消灭楚国，

终于攻破了楚都郢城鞭打仇人尸骸；
申包胥为尽人臣之忠发誓保全楚国，
终于获得秦军救援使楚国不致灭亡：
由此可见只要决心去做就定能做到。
恰恰是在秦始皇灭掉东周的那一年，
消灭秦朝建立汉朝的刘邦也出生了；
恰恰是在梁武帝灭掉南齐的那一年，
侯景归降梁武帝后来又反叛了梁朝。
由此可见天理循环往复且报应不爽。

注释　　[1]"伍子胥"二句：伍子胥，春秋楚人。其父奢兄尚
　　　　　均被楚平王杀害，伍子胥奔吴，与孙武共佐吴王阖
　　　　　闾伐楚。五战之后，攻入楚国都城郢都，掘平王
　　　　　墓，鞭尸三百。

　　　　[2]"申包胥"二句：申包胥，春秋时楚大夫，封于申，
　　　　　故称申包胥，与伍子胥友好。子胥父兄被害，逃奔
　　　　　吴国，对申包胥说："我一定要报复楚国。"申包胥
　　　　　说："你如果够报复楚国的话，我一定要挽救楚
　　　　　国。"子胥攻入郢都后，申包胥至秦求救，哭于秦
　　　　　廷七日七夜，秦国终于出兵救楚，击退了吴军。

　　　　[3]刘季：汉高祖刘邦，字季。

　　　　[4]侯景：南北朝时人，降梁武帝后又举兵反叛，攻破
　　　　　台城，使梁武帝被逼饿死。

有才必韬藏　为学无间断

有才必韬藏[1]，如浑金璞玉[2]，黯然而日章也；为学无间断，如流水行云[3]，日进而不已也。

今译　有才能的人必定深藏不露锋芒，
　　　　就像未经提炼琢磨的金玉一般，
　　　　虽不炫人耳目但日日光彩焕发；
　　　　做学问定要持之以恒永不间断，
　　　　就像不息的流水和飘浮的行云，
　　　　每天都永不停止地前进再前进。

注释　[1] 韬藏：隐藏。

[2] 浑金璞玉：未炼的金，未琢的玉。比喻人品纯真质朴而不外露。

[3] 行云流水：比喻纯任自然，毫无拘束。宋苏轼《与谢民师推官书》："所示书教及诗赋杂文，观之熟矣。大约如行云流水，初无定质，但常行于所当行，常止于不可不止，文理自然，姿态横生。"宋洪咨夔《朝中措·寿章君举》："流水行云才思，光风霁月精神。"

积善之家有余庆　积恶之家有余殃

积善之家，必有余庆[1]；积不善之家，必有余
殃[2]。可知积善以遗子孙，其谋甚远也。贤而多财，
则损其志；愚而多财，则益其过。可知积财以遗子孙，
其害无穷也。

今译　凡是积德行善多做好事的人家，

必然能够遗留给子孙许多德泽；

凡是阴险刻薄多做坏事的人家，

必然会遗留给子孙们许多祸害。

可见多做好事给子孙留些后福，

才能为后人作长远的着想打算。

如果一个人贤能却有许多金钱，

那金钱只会让他的志向受损害；

如果一个人愚笨却有许多金钱，

那金钱只会让他犯下更多过失。

可见积累许多钱财遗留给子孙，

不论子孙贤能与否都有害无益。

注释　[1] 余庆：指留给子孙后辈的德泽。《易·坤》："积善
之家，必有余庆。"

[2] 余殃：指留给子孙后辈的祸害。《易·坤》："积不
善之家，必有余殃。"

德行教子弟　钱财莫累身

　　每见待子弟严厉者，易至成德；姑息者，多有败行，则父兄之教育所系也。又见有子弟聪颖者，忽入下流；庸愚者，转为上达，则父兄之培植所关也。人品之不高，总为一利字看不破；学业之不进，总为一懒字丢不开。德足以感人，而以有德当大权，其感尤速；财足以累己，而以有财处乱世，其累尤深。

　　今译　经常看到对待子孙十分严格的，
　　　　　子孙比较容易成为有德行的人；
　　　　　相反那些对待子孙过于宽容的，
　　　　　子孙比较容易成为无德行的人：
　　　　　这完全是出于父兄教育的缘故。
　　　　　又见到有的后辈原来十分聪颖，
　　　　　突然间却做出了品行卑下的事；
　　　　　又见到有的后辈原来平庸愚鲁，
　　　　　力求上进反成了品德很好的人：
　　　　　这完全是出于父兄栽培的缘故。
　　　　　一个人的品格之所以不能崇高，
　　　　　总是因为无法将一个"利"字看破；
　　　　　一个人的学问之所以不能长进，
　　　　　总是因为不能将一个"懒"字丢开。
　　　　　道德崇高能够充分地感化别人，

如果有德者身处高位而有威权，

要想感化众人就更是立竿见影；

财富巨大足以累及自己的生活，

如果有钱的人生活在乱离时代，

钱财往往会给人带来灭顶之灾。

读书无论资性　立身不嫌贫贱

　　读书无论资性高低，但能勤学好问，凡事思一个所以然，自有义理贯通之日；立身不嫌家世贫贱，但能忠厚老成，所行无一毫苟且处，便为乡党仰望之人。

今译　一个读书人不论他的天赋资质是高还是低，

只要能勤勉用功遇到疑难之处肯向人请教，

对任何事情都推求它为什么会是这个样子，

他终究有一天能够通晓书中道理无所滞碍；

一个人立身处世不论他的出身是低微与否，

只要他的品性忠实敦厚处理事情稳重踏实，

所作所为没有一丝的随便或违背道义之处，

他就足以被家乡父老看重而成为众人楷模。

似忠似廉假面孔　患得患失俗心肠

孔子何以恶乡愿[1]？只为他似忠似廉，无非假面孔。孔子何以弃鄙夫[2]？只因他患得患失，尽是俗心肠。

今译　孔夫子为什么厌恶乡愿呢？
因为他表面上看忠厚廉洁，
而骨子里面却并不是这样，
无非是虚伪矫饰假面示人。
孔夫子为什么厌弃鄙夫呢？
因为他凡事都要斤斤计较，
只知道为一己的私利着想，
是个彻头彻尾的自私家伙。

注释　[1] 乡愿：外博谨愿之名，实与流俗合污的伪善者。"愿"又作"原"，谨厚貌。《论语·阳货》："子曰：'乡原，德之贼也。'"《孟子·尽心下》："非之无举也，刺之无刺也，同乎流俗，合乎污世，居之似忠信，行之似廉洁，众皆悦之，自以为是，而不可与入尧舜之道，故曰德之贼也。"

[2] 鄙夫：鄙陋浅薄之人。《论语·阳货》："子曰：鄙夫可与事君哉？其未得之患得之，既得之患失之。"

精明得意短　朴实福泽长

打算精明，自谓得计，然败祖父之家声者，必此人也；朴实浑厚，初无甚奇，然培子孙之元气者，必此人也。

　　今译　　凡事斤斤计较的人，自以为做得很成功，
　　　　　　但败坏祖宗美名的，必定是这个精明鬼；
　　　　　　朴实而又敦厚的人，开始虽然不见奇特，
　　　　　　但培养子孙元气的，必定是这个老实人。

明辨是非能决断　不忘廉耻自崇高

心能辨是非，处事方能决断；人不忘廉耻，立身自不卑污。

　　今译　　心中能辨别什么是正确与错误，
　　　　　　处理事情的时候才能当机立断；
　　　　　　一个人只要能不忘记廉耻之心，
　　　　　　为人处世自然就没有卑鄙污秽。

忠孝不从伶俐得　奸恶却向仁义隐

忠有愚忠，孝有愚孝，可知忠孝二字，不是伶俐人做得来；仁有假仁，义有假义，可知仁义两字，不无奸恶人藏其内。

> **今译**　有一种忠义被人们视为愚忠，
> 有一种孝行被人们视为愚孝，
> 由此可知忠与孝这两种品质，
> 过于精明的人是不会具有的；
> 有一种仁爱在事实上是假仁，
> 有一种道义在事实上是假义，
> 由此可知在仁义的外表之下，
> 往往隐藏着奸险狡诈的恶人。

权势终消亡　奸邪岂能久

权势之途，虽至亲亦作威福，岂知烟云过眼，已立见其消亡；奸邪之辈，即平地亦起风波[1]，岂知神鬼有灵，不肯听其颠倒。

今译　有权势的人即使在至亲面前，

　　　也要卖弄他的权势作威作福。

　　　岂知权势如飘过眼前的烟云，

　　　转瞬之间已消失得无影无踪。

　　　奸险邪恶者在太平无事之时，

　　　也会平白无故地招惹起事端。

　　　岂知天地间终有鬼神在暗察，

　　　不可能放任邪恶来颠倒是非。

注释　[1] 平地亦起风波：唐刘禹锡《竹枝词》："长恨人心不

　　　如水，等闲平地起波澜。"

自家富贵不着意　人家忠孝常挂心

　　自家富贵，不着意里；人家富贵，不着眼里：此是
何等胸襟。古人忠孝，不离心头；今人忠孝，不离口
头：此是何等志量[1]。

今译　自己有了很多财富并且显贵，

　　　却并不将它放在心上而炫耀；

　　　别人有了很多财富并且显贵，

　　　却并不将它放在眼里而嫉妒：

　　　这要具备怎样的胸襟和气度？

对于古代人的忠孝节义行为，

常挂在心上而不忘去实践它；

对于现代人的忠贞孝顺行为，

常挂在嘴上而不吝惜地称誉：

这要具备怎样的抱负和度量？

注释　[1] 志量：志向和抱负。

物命可惜　人心可回

王者不令人放生，而无故却不杀生，则物命可惜也；圣人不责人无过[1]，唯多方诱之改过，则人心可回也。

今译　君王虽然没有下达命令让人们去放生，

但是也绝对不会无缘无故地滥杀生灵，

因为这样可以启发人爱惜万物的生命；

圣哲虽然没有要求人们从来不犯错误，

但却千方百计地引导人们改恶而归善，

因为这样才能使人心由邪妄趋向纯洁。

注释　[1] 责：要求，期望。

处事不论祸福　立言贵在精详 ◞

　　大丈夫处事，论是非，不论祸福；士君子立言，贵平正，尤贵精详。

今译　　大丈夫处理事情时只认怎么做是对的，
　　　　并不管这样做给自己带来的是福是祸；
　　　　读书人著书立说时可贵的是公允客观，
　　　　更为可贵的则是精当简要又详细透彻。

求名勿弃闲暇乐　治学须怀治世才 ◞

　　存科名之心者[1]，未必有琴书之乐；讲性命之学者[2]，不可无经济之才[3]。

今译　　存着追求功名利禄之心的人，
　　　　未必能享受琴棋书画的乐趣；
　　　　讲求生命形而上境界的学者，
　　　　一定要具备经世济民的才学。

注释　　[1] 科名：科举功名。

　　[2] 性命：中国古代哲学指万物的天赋和禀受。

　　[3] 经济：经世济民。

静而镇之泼自止　淡而置之谗自消

　　泼妇之啼哭怒骂，伎俩要亦无多，唯静而镇之，则自止矣。谗人之簸弄挑唆[1]，情形虽若甚迫，苟淡而置之，是自消矣。

今译　　蛮横而不讲道理的妇人，任她哭哭闹闹恶口骂人，
　　　　　　也不能变出来多少花样。只要静下心来不去理会，
　　　　　　她就会自觉没趣而罢休。饶舌而颠倒黑白的小人，
　　　　　　不断簸弄是非挑拨离间，形势似乎是极端的严峻。
　　　　　　只要漠然处之置诸脑后，他就会黔驴技穷而告停。

注释　　[1] 簸弄：播弄。指造谣生事，颠倒是非。

拯救危难活菩萨　挣脱牢笼大英雄

　　肯救人坑坎中，便是活菩萨；能脱身牢笼外，便是大英雄。

今译　　能够救助陷于危难的人们，就是人间的活菩萨；

　　　　能够摆脱缠于世俗的牢笼，就是真正的大英雄。

气性须平和　语言勿刻薄

　气性乖张，多是夭亡之子；语言尖刻，终为薄福之人。

今译　　脾气性情怪僻执拗的人，多半是短命鬼；

　　　　言辞话语尖酸刻薄的人，终究是薄福人。

志不可不高　心不可太大

　志不可不高，志不高，则同流合污，无足有为矣；心不可太大，心太大，则舍近图远，难期有成矣。

今译　　一个人的志气不能不高，如果志气不高，

　　　　就容易被不良的环境所影响而同流合污，

　　　　最终不可能大有作为；

　　　　一个人的期望不能太大，如果期望太大，

就容易舍弃可行的事而追逐遥远的目标，
最终很难有什么成就。

贫贱非羞辱　富贵要济世

　　贫贱非辱，贫贱而谄求于人者为辱；富贵非荣，
富贵而利济于世者为荣。讲大经纶，只是实实落落；
有真学问，决不怪怪奇奇。

今译　贫穷而卑下并不是可耻的事，
可耻的是当处在贫穷卑下时，
便去百般讨好地谄媚奉承人，
想求得别人一些可怜的施舍；
有钱而显贵并不是荣耀的事，
荣耀的是处于有钱而显贵时，
能够充分发挥出自身的价值，
乐于助人为这个世界谋福利。
讲求经世治国的第一等学问，
必然是明白实在坦率而开朗；
讲求切实致用的真正的学问，
绝不是高谈荒诞不经的猎奇。

敦伦者即物穷理　为士者顾名思义

古人比父子为乔梓[1]，比兄弟为花萼[2]，比朋友为芝兰[3]，敦伦者[4]，当即物穷理也；今人称诸生曰秀才，称贡生曰明经，称举人曰孝廉，为士者，当顾名思义也。

今译　古时的人对人伦有很精当的比喻：

把"父子"比喻成为乔木和梓木，

把"兄弟"比喻成为花瓣和萼片，

把"朋友"比喻成为芝兰和香草，

因此有心想着敦睦人伦关系的人，

从万物之理就可以推见人伦之理。

今时的人对读书人有恰当的称呼：

称读书并参加考试的人为"秀才"，

称被举荐入太学的生员为"明经"，

称由地方政府举荐的人为"孝廉"，

因此读书人就可从这些名称上面，

明白自己应该具有的内涵是什么。

注释　[1] 乔梓：《尚书大传》卷四："伯禽与康叔见周公，三见而三答之。康叔有骇色，谓伯禽曰：'有商子者，贤人也。与子见之。'乃见商子而问焉。商子曰：'南山之阳有木焉，名乔。'二三子往观之，见乔实

高高然而上，反以告商子。商子曰：'乔者，父道
也。南山之阴有木焉，名梓。'二三子复往观焉，
见梓实晋晋然而俯，反以告商子。商子曰：'梓者，
子道也。'二三子明日见周公，入门而趋，登堂而
跪。周公迎拂其首，劳而食之，曰：'尔安见君子
乎?'"后以"乔梓"比喻父子，也作"桥梓"。

[2] 花萼：《诗经·小雅·常棣》："常棣之华，鄂不韡
韡。凡今之人，莫如兄弟。"萼和花同生一枝，且
有保护花瓣的作用，故后常以"花萼"比喻兄弟或
兄弟之情。

[3] 芝兰：芷和兰，皆香草。芝，通"芷"。香气幽远，
正像与有德的人交朋友，可以受其感化，使自己也
成为有德之人。《孔子家语》："与善人居，如入芝
兰之室，久而不闻其香，即与之化矣。"

[4] 敦伦：敦睦人伦。

✿ 以身作则教子弟　平气静心处小人

父兄有善行，子弟学之或不肖；父兄有恶行，子
弟学之则无不肖。可知父兄教子弟，必正其身以率之，
无庸徒事言词也。君子有过行，小人嫉之不能容；君
子无过行，小人嫉之亦不能容。可知君子处小人，必
平其气以待之，不可稍形激切也。

今译　　父辈兄长有好的德行举止，

晚辈可能学来却也比不上。

但如果长辈有不好的行为，

晚辈总是一学就惟妙惟肖。

可见长辈要想教育好晚辈，

一定要先端正自己的行为，

来作为晚辈的表率与楷模，

而不要只在言辞上下工夫。

有道德的人稍微有些过失，

卑污的小人就会嫉妒攻击。

有道德的人纵使没有过失，

卑污的小人也会嫉妒排挤。

可见君子在和小人相处时，

定要平心静气地对待他们，

以感化小人们的浮躁心气，

不可稍微表现出急切之形。

守身思父母　　创业虑子孙

　　守身不敢妄为，恐贻羞于父母；创业还须深虑，恐贻害于子孙。

今译　　一个人洁身自好，不敢胡作非为，

是担心犯下罪行恶行，使父母蒙羞；

一个人开始创业，更需要深思熟虑，

以免因自己疏忽，将来危害到子孙。

不可有势利气　不可有粗浮心

无论作何等人，总不可有势利气；无论习何等业，总不可有粗浮心。

今译　不管做哪一种人，最重要的是不能有势利的眼光；

不论做哪一种事，最重要的是不能有粗浮的心气。

识己莫虚骄　来日要发愤

知道自家是何等身分，则不敢虚骄矣；想到他日是那样下场，则可以发愤矣。

今译　一旦明白了自己的身分能力，就不至于妄自尊大；

想到安逸的后果是如此惨淡，就更应该发愤图强。

遭祸可再兴　势成难再振

常人突遭祸患，可决其再兴，心动于警励也；大家渐及消亡，难期其复振，势成于因循也。

今译　一个平常的人突然遭受灾祸，
　　　一定可以重整旗鼓东山再起，
　　　因为飞来之灾使他产生了警戒心与激励心。
　　　如果一个群体逐渐衰败颓废，
　　　就很难指望能重新振作起来，
　　　因为墨守成规的习性已经养成且很难更改。

天地无穷寿有穷　富贵有定学无定

天地无穷期，生命则有穷期，去一日，便少一日；富贵有定数，学问则无定数，求一分，便得一分。

今译　天地永远存在无穷无尽，然而人的生命却很有限，
　　　只要活一天就减少一天；荣华富贵是由命运注定，
　　　然而学问知识并非如此，只要下工夫就不断增长。

处事凭心　立业依身

处事有何定凭，但求此心过得去；立业无论大小，总要此身做得来。

今译　　处理事情并没有一定的标准尺度，
　　　　最重要的是自己能够对得起良心；
　　　　创立事业时不论是大事还是小事，
　　　　最重要的是自己有能力应付得来。

气性须和平　语言戒矫饰

气性不和平，则文章事功，俱无足取；语言多矫饰，则人品心术，尽属可疑。

今译　　如果一个人不能心平气和处世待人，
　　　　那么可以断定他在学问和做事方面，
　　　　都不可能有什么值得别人效法之处；
　　　　如果一个人的言语虚伪造作不实在，
　　　　那么可以断定他在人品或心性方面，
　　　　不管显得多么崇高都照样令人怀疑。

要聪明不如守拙　滥交友不如读书

误用聪明，何若一生守拙；滥交朋友，不如终日读书。

今译　与其把聪明用错了地方，不如一辈子去谨守愚拙；
　　　与其泛滥交往无益之友，不如整天关起门来读书。

放开眼孔读书　立定脚根做人

看书须放开眼孔，做人要立定脚根。

今译　看书时必须要具备自己独特的眼光，
　　　才可能明白书中道理的正确与错误；
　　　做人必须要坚持自己的立场和原则，
　　　才是一个具有主见不随波逐流的人。

持身贵严　处世贵谦

严近乎矜，然严是正气，矜是乖气，故持身贵严，

而不可矜；谦似乎谄，然谦是虚心，谄是媚心，故处
世贵谦，而不可谄。

> 今译　庄重有时看起来像是骄矜，
> 然而庄重是正直之气所致，
> 骄矜却是一种乖戾的习气，
> 所以律己应庄重而勿骄矜；
> 谦虚有时看起来像是谄媚，
> 然而谦虚是待人宽容有礼，
> 谄媚却是有所求而讨好人，
> 所以处世应谦虚而勿谄媚。

善用钱财　安享俸禄

财不患其不得，患财得，而不能善用其财；禄不
患其不来，患禄来，而不能无愧其禄。

> 今译　能不能得到钱财不值得担心，
> 值得担心的是得了钱财之后，
> 却不能正当地运用这些钱财；
> 能不能得到俸禄不值得忧虑，
> 值得忧虑的是得了俸禄之后，

能不能对这份俸禄问心无愧。

交朋友益身心　教子弟立品行

　交朋友增体面，不如交朋友益身心；教子弟求显荣，不如教子弟立品行。

> 今译　交朋友与其是为了增加自己的面子，
> 倒不如结交真正对身心有益的朋友；
> 教子弟与其是使他们求得显贵荣达，
> 倒不如教导他们树立起高尚的品行。

君子存心凭忠信　小人处世设机关

　君子存心，但凭忠信，而妇孺皆敬之如神，所以君子落得为君子；小人处世，尽设机关，而乡党皆避之若鬼[1]，所以小人枉做了小人。

> 今译　君子着急做事，但凭忠实诚信，
> 妇人小孩都对他像神一样尊重，

所以君子成为君子并不枉然；

小人为人处世只凭陷阱坑人，

连同乡都像避鬼那样躲避他，

所以他简直是白白做了小人。

注释　［1］乡党：同乡，乡亲。

律己严　待人宽

求个良心管我，留些余地处人。

今译　使自己有颗善良的心，时刻不要违背它；

为别人留出一些余地，让人也有处容身。

守口如瓶　守身如玉

一言足以召大祸，故古人守口如瓶[1]，惟恐其覆坠也；一行足以玷终身，故古人饬躬若璧[2]，惟恐有瑕疵也。

今译　一句错话足以给自己招来大祸，

所以古人守口如瓶不胡乱讲话，

以免说错招来杀身毁家的大祸。

一件错事足以玷污一生的清白，

所以古人守身如玉地严谨处世，

惟恐做错而致使自己遗憾终生！

注释　[1] 守口如瓶：比喻说话谨慎。《维摩经》："防意如城，

守口如瓶。"

[2] 饬躬：正己，正身，使自己的思想言行严谨合礼。

不较处横逆　无谄守贫穷

颜子之不较，孟子之自反[1]，是贤人处横逆之方；子贡之无谄，原思之坐弦[2]，是贤人守贫穷之法。

今译　当别人冒犯我时，

颜渊不与人计较，孟子则自我反省，

这是君子对待蛮横无理之人时的自处之道；

当生活很贫穷时，

子贡不阿谀富者，子思则弹琴自娱：

这是贤人在贫穷时仍然能坚守德操的方法。

注释　[1] 自反：反躬自问，自己反省。

　　　　[2] 原思：孔子弟子原宪，字子思，宋国人。孔门七十
　　　　　二贤之一。一生安贫乐道，生活清苦。

俯仰间皆文章　游览处皆师友

　　观朱霞，悟其明丽；观白云，悟其卷舒；观山岳，
悟其灵奇；观河海，悟其浩瀚，则俯仰间皆文章也。
对绿竹得其虚心，对黄华得其晚节，对松柏得其本性，
对芝兰得其幽芳，则游览处皆师友也。

今译　观赏红霞时，领悟它明亮灿烂的生命；

　　　　观赏白云时，欣赏它卷舒自如的姿态；

　　　　观赏山岳时，体认它灵秀奇特的精神；

　　　　观看大海时，感受它浩大无垠的气势：

　　　　用心体会时，天地间到处都是好文章。

　　　　面对绿竹时，能领悟到待人应有虚心能容的度量；

　　　　面对菊花时，能领悟到处世应有高风亮节的气概；

　　　　面对松柏时，能领悟到立身应有坚韧不拔的精神；

　　　　面对香草时，能领悟到品行应有芬芳淡泊的质性：

　　　　游玩观赏时，没有一件东西不值得我们好好学习。

行善我亦快　逞奸枉费心

行善济人，人遂行以安全，即在我亦为快意；逞奸谋事，事难必其稳便，可惜他徒坏自心。

今译　行善积德帮助他人，他人因此而得到安逸保全，
　　　就是在我自己也会感到十分愉快；
　　　耍弄技俩算计他人，事情也未必就能稳当顺利，
　　　只可笑他奸计不成徒然坏了心思。

吉凶可鉴　细微宜防

不镜于水，而镜于人，则吉凶可鉴也；不蹶于山，而蹶于垤[1]，则细微宜防也。

今译　不是用清水来作镜子，而是用他人来作镜子，
　　　就可以明白吉凶祸福；在高山上面不易摔倒，
　　　在小土堆上却易摔倒，愈是细微处愈要谨慎。

注释　[1]蹶：颠扑，跌倒。垤：蚁冢。蚂蚁做窝时堆积在洞
　　　口周匝的浮土。

谨守规模无大错　但足衣食即小康

凡事谨守规模，必不大错；一生但足衣食，便称小康。

今译　任何事只要谨守定规与模式，
　　　　就一定不会出什么大的差错；
　　　　一辈子只要不必为衣食发愁，
　　　　家境就可以称得上是小康了。

不耐烦为大病　学吃亏乃良方

十分不耐烦，乃为人大病；一味学吃亏，是处事良方。

今译　对任何事情都显出不耐烦态度，
　　　　是一个人性格修养的致命缺点；
　　　　对任何事情都抱可吃亏的态度，
　　　　是一个人处理事情的最好方法。

读书应知乐　为善不邀名

习读书之业，便当知读书之乐；存为善之心，不必邀为善之名。

今译　把读书当作是终生事业的人，
应该知道从读书中得到乐趣；
只要是真心诚意去行善的人，
他就不必去捞个行善的名声。

知昨日之非　取世人之长

知往日所行之非，则学日进矣；见世人可取者多，则德日进矣。

今译　知道自己过去有做得不对的地方，
就会加倍努力而使学养日渐充实；
看到他人值得我学习的地方很多，
就会加倍努力而使德操日渐增进。

敬人即敬己　靠己胜靠人

敬他人，即是敬自己；靠自己，胜于靠他人。

今译　　敬重他人，就是敬重你自己；
　　　　依靠自己，胜于依靠其他人。

学长者待人之道　识君子修己之功

见人善行，多方赞成；见人过举，多方提醒，此长者待人之道也。闻人誉言，加意奋勉；闻人谤语，加意警惕，此君子修己功也。

今译　　见到他人有善良的行为，就会想方设法去赞美他；
　　　　见到他人有过失的行为，就会千方百计去提醒他：
　　　　这是年纪大的人待人处世的原则。
　　　　听到他人赞美自己的话，就更加勤勉地发奋努力；
　　　　听到他人毁谤自己的话，就更加留意自己的言行：
　　　　这是有道德的人修养自己的工夫。

悭吝可败家　精明能覆事

　　奢侈足以败家，悭吝亦足以败家[1]。奢侈之败家，犹出常情；而悭吝之败家，必遭奇祸。庸愚足以覆事，精明亦足以覆事。庸愚之覆事，犹为小咎；而精明之覆事，必见大凶。

今译　　挥霍浪费足以使家道衰败，
　　　　悭吝守财亦会使家道衰败。
　　　　浪费而败家还有常理可循，
　　　　而由于悭吝竟使家道衰败，
　　　　必是遭了意想不到的灾祸。
　　　　平庸愚笨足以使事情失败，
　　　　精明能干亦会使事情失败。
　　　　愚笨的人坏事只是小过失，
　　　　而由于精明竟使事情失败，
　　　　事态就一定是非常的严重。

注释　　[1] 悭吝：吝啬。唐韩愈《辞唱歌》：“复遣悭吝者，赠金不皱眉。”

安分不走败路　守身不入下流

　　种田者，改习尘市生涯，定为败路；读书人，干与衙门词讼，便入下流。

　　今译　种田人如果想发财而改行学做生意，
　　　　　一定会遭到失败；
　　　　　读书人如果成了替人打官司的工具，
　　　　　品格便日趋卑污。

遭际命运须知足　德业学问无尽头

　　常思某人境界不及我，某人命运不及我，则可以自足矣；常思某人德业胜于我，某人学问胜于我，则可以自惭矣。

　　今译　常想到有些人的境界不如自己，
　　　　　常想到有些人的命运不如自己，
　　　　　就可以使心理平衡而感到满足。
　　　　　常想到某个人的品德比我高尚，
　　　　　常想到某个人的学问比我渊博，

就应该感到惭愧从而奋起直追。

舍钱为义士　舍命为忠臣

　　读《论语》公子荆一章^[1]，富者可以为法；读《论语》齐景公一章^[2]，贫者可以自兴。舍不得钱，不能为义士；舍不得命，不能为忠臣。

今译　读《论语》有关公子荆那一章，
　　　　可以让所有富贵的人效法模仿；
　　　　读《论语》有关齐景公那一章，
　　　　可以让所有贫穷的人为之奋发。
　　　　舍不得金钱，不可能成为义士；
　　　　舍不得性命，不可能做个忠臣。

注释　[1]《论语》公子荆一章：指《论语·子路》。在这一章里，孔子谈到卫国的公子荆时说："他善于居家过日子，刚有一点，便说道：'差不多够了。'增加了一点，又说道：'差不多完备了。'再有一点，便说道：'差不多富丽堂皇了。'"
　　　　[2]《论语》齐景公一章：指《论语·季氏》。在这一篇里，孔子说齐景公虽然有马四千匹，富贵显赫，但他死了以后，谁都不觉得他有什么好行为可以称

述。而伯夷叔齐两人饿死在首阳山下，大家到现在
还称颂他们。

🌀 富贵易生祸端　衣禄原有定数

富贵易生祸端，必忠厚谦恭，才无大患；衣禄原
有定数，必节俭简省，乃可久延。

> 今译　富贵易招来祸害，要诚实宽厚待人，
> 　　　　谦虚恭敬地自处，才不会发生灾祸。
> 　　　　人生福禄有定数，要节省而不浪费，
> 　　　　简朴节约地生活，才能使福禄长久。

🌀 尘世已分天地界　庸愚不隔圣贤关

作善降祥，不善降殃，可见尘世之间，已分天堂
地狱；人同此心，心同此理，可知庸愚之辈，不隔圣
域贤关。

> 今译　做好事得到好报，做恶事得到恶报，
> 　　　　由此可见人不一定非得要等到来世，

在尘世间已能见到天堂地狱的分别；
人心相同，人心中的理性息息相通，
由此可知即使是平庸而愚笨的人们，
也并没有被拒绝在圣贤的境界之外。

和平处事　正直居心

和平处事，勿矫俗以为高；正直居心，勿设机以为智。

> **今译**　为人处世要心平气和宽厚大度，
> 不要故意违背习俗以自命清高；
> 存心用心要刚直不阿堂堂正正，
> 不要暗中设计机关而自作聪明。

君子以名教为乐　圣人以悲悯为心

君子以名教为乐，岂如嵇阮之逾闲[1]；圣人以悲悯为心，不取沮溺之忘世[2]。

今译　君子应该以遵守奉行圣人的教化为乐事，

　　　　怎能像嵇康阮籍那样逾越规范恣意放荡？

　　　　圣人抱着悲天悯人的襟怀关心民生疾苦，

　　　　不会效法长沮桀溺的逍遥隐居不理世事。

注释　[1] 嵇阮：嵇阮是三国时魏文学家嵇康和阮籍的合称。

　　　　　二人在政治方面都不与魏国当权者合作。

　　　　[2] 沮溺：指避世隐士。《论语·微子》："长沮、桀溺

　　　　　耦而耕，孔子过之，使子路问津焉。"

偷安败门庭　谋利伤骨肉

　　纵容子孙偷安，其后必至耽酒色而败门庭；专教
子孙谋利，其后必至争资财而伤骨肉。

今译　放纵子孙一味地贪图眼前的安逸快乐，

　　　　他们日后必定会沉迷于酒色败坏门风。

　　　　专门教唆子孙去谋求争夺一己的私利，

　　　　他们日后必定会争抢财产而彼此伤害。

谨守父兄教诲　不改祖宗成法 ✦

　谨守父兄教诲，沉实谦恭，便是醇潜子弟；不改祖宗成法，忠厚勤俭，定为悠久人家。

　　今译　谨慎地遵守并奉行父兄的谆谆教诲，
　　　　　待人忠厚谦恭就是敦厚沉稳的子弟；
　　　　　不妄改祖宗所遗留下来的既定法则，
　　　　　持家厚道俭朴就是福泽绵长的人家。

富贵应有收敛意　困穷应有振兴志 ✦

　莲朝开而暮合，至不能合，则将落矣；富贵而无收敛意者，尚其鉴之。草春荣而冬枯，至于极枯，则又生矣；困穷而有振兴志者，亦如是也。

　　今译　莲花早晨开放到夜晚合上，
　　　　　到了不能再合起来的时候，
　　　　　就是它接近枯落的时候了。
　　　　　钱多位显而不知收敛的人，
　　　　　最好能够领悟而有所收敛。

春天草木茂盛到冬天枯萎，

等到草木枯萎到了极处时，

又到了草木发芽的春天了。

处境穷困而志在奋起的人，

当用它激励起顽强的斗志。

自伐自矜为戒　讲仁讲义求近

伐字从戈，矜字从矛，自伐自矜者，可为大戒；仁字从人，義字从我，讲仁讲义者，不必远求[1]。

今译　伐字的右边是"戈"，矜字的左边是"矛"。

戈矛都是锐利兵器，从它们的字形上看，

喜欢自夸自大的人，应该得到深刻警醒。

仁字的左边是"人"，義字的下面是"我"。

如果讲求仁义的话，只要有人我的地方，

就可以推行起仁义，而不必到远处寻求。

注释　[1]"仁字"四句：《论语·述而》："子曰：'仁远乎哉？我欲仁，斯仁至矣。'"

贫寒须留读书种　富贵莫忘稼穑艰 ✍

家纵贫寒，也须留读书种子；人虽富贵，不可忘稼穑艰辛[1]。

今译　纵然家境非常地贫困，也定要子孙能够读书；
　　　　就是有钱有势的人家，也莫忘记耕作的辛劳。

注释　[1] 稼穑：耕种和收获，泛指农业劳动。

一生快活皆庸福　万种艰辛出伟人 ✍

俭可养廉，觉茅舍竹篱，自饶清趣；静能生悟，即鸟啼花落，都是化机。一生快活皆庸福，万种艰辛出伟人。

今译　勤俭可以培养人廉洁的品性，
　　　　就算住在竹篱围绕的茅屋里，
　　　　也有着无穷无尽的清新趣味；
　　　　在静中容易领悟到人生至理，
　　　　即使是鸟儿啼鸣花开又花谢，

也都洋溢着自然蓬勃的生机。
能过一辈子快乐无愁的日子，
就可算是平凡愚庸人的福分；
只有经历千种艰难万般困苦，
才能够培养造就出一代伟人。

存心方便即长者　虑事精详是能人

　　济世虽乏资财，而存心方便，即称长者；生资虽少智慧，而虑事精详，即是能人。

今译　　虽然没有金钱财货救济世人，
　　　　但只要他能处处给人以方便，
　　　　便算得上是位有德行的长者；
　　　　虽然天生的资质不是太聪明，
　　　　但只要他考虑事情清楚详细，
　　　　就是一个精明能干的机灵人。

闲居常怀振卓心　交友多说切直话

　　一室闲居，必常怀振卓心，才有生气；同人聚处，须多说切直话，方见古风。

> **今译**　一个人在房子里闲散居处的时候，
> 　　　　一定要经常怀着策励振奋的心志，
> 　　　　才能显示出活泼蓬勃的昂扬气象；
> 　　　　而当他和别人在一起相处的时候，
> 　　　　要多说实在恳切而正直无忌的话，
> 　　　　才能显示出古人为人处世的风范。

有才何可自矜　为学岂容自足

　　观周公之不骄不吝，有才何可自矜；观颜子之若无若虚[1]，为学岂容自足。门户之衰，总由于子孙之骄惰；风俗之坏，多起于富贵之奢淫。

> **今译**　周公制礼作乐才华冠绝一世，
> 　　　　但他却不因自己有卓异才华，
> 　　　　而对他人有骄傲和鄙吝之心，
> 　　　　有才的人怎可自以为了不起？
> 　　　　颜渊是孔子最为得意的学生，
> 　　　　他却从来不间断地虚心学习，
> 　　　　有才却似无才有德却似无德，

求学哪里能够自以为满足呢?
一个家族从兴盛而走向衰败,
总是由于子孙们的骄傲懒惰;
社会风俗由醇厚而变得败坏,
多是由于有钱有势奢侈浮华。

注释　　[1] 若无若虚:《论语·泰伯》记曾子语:"有若无,实
　　　　　若虚,犯而不校,昔者吾友尝从事于斯矣。"曾子
　　　　　所说的这位朋友,应当就是颜子。

孝子忠臣钟正气　圣经贤传系古今

孝子忠臣,是天地正气所钟,鬼神亦为之呵护;
圣经贤传,乃古今命脉所系,人物悉赖以裁成。

今译　　普天之下孝顺的儿子和忠心的臣子,
　　　　都是天地之间的浩然正气凝聚而成,
　　　　所以连鬼神都在暗中加以保护爱惜;
　　　　圣人著的经书和贤人解释它的典籍,
　　　　古往今来都维系着社会人伦的命脉,
　　　　所有的仁人志士都靠着它们而成长。

饱暖志气昏　饥寒神骨紧

　　饱暖人所共羡，然使享一生饱暖，而气昏志惰，岂足有为？饥寒人所不甘，然必带几分饥寒，则神紧骨坚，乃能任事。

　　今译　每个人都羡慕吃得饱穿得暖的生活，
　　　　　　可纵是一生享尽了物质饱暖的生活，
　　　　　　而精神生活却昏沉懈怠提不起精神，
　　　　　　那么他活在世上又能有什么作为呢？
　　　　　　每个人都不甘心过忍饥受寒的生活，
　　　　　　可人在一生中必须经受住几分饥寒，
　　　　　　这才可以鞭策他精神抖擞骨气坚强，
　　　　　　他才能担荷得起伟大而艰巨的使命。

愁烦中具潇洒襟怀　暗昧处见光明世界

　　愁烦中具潇洒襟怀，满抱皆春风和气；暗昧处见光明世界，此心即白日青天。

　　今译　当身处极度的愁闷烦恼的时候，

要具有豁达而无拘无束的胸怀，
心情便能如春风那样一团和气；
当身处极度昏暗不明的环境时，
要能够保持光明和磊落的心境，
内心便像青天白日般皎洁无染。

装腔作势百般皆假　指东画西一事无成

　　势利人装腔做调，都只在体面上铺张，可知其百为皆假；虚浮人指东画西，全不向身心内打算，定卜其一事无成。

今译　　势利心重的人喜欢装模作样，
　　　　只知道在表面之上虚张声势，
　　　　由此可知他所作的全是虚假；
　　　　不切实际的人喜欢东拉西扯，
　　　　完全不肯从自己内心下工夫，
　　　　可以料定他什么事都干不成。

不忮不求光明境　勿忘勿助涵养功

不忮不求[1]，可想见光明境界；勿忘勿助[2]，是形容涵养功夫。

今译　与世无争不陷害别人，安贫知足不贪钱财，
从这种情形中可以看到一个人的光明境界；
既不要忘记培养正气，也不能够拔苗助长，
从这种方式上可以看到培养人的正确途径。

注释　[1] 不忮（zhì）不求：不嫉妒，不贪求。语出《诗经·邶风·雄雉》："不忮不求，何用不臧。"忮，嫉妒，忌恨。
[2] 勿忘勿助：《孟子·公孙丑上》："心忽忘，勿助长也……以为无益而舍之者，不耘苗者也；助之长者，揠苗者也。非徒无益，而又害之。"

求理数难违　守常变能御

数虽有定，而君子但求其理，理既得，数亦难违；变固宜防，而君子但守其常，常无失，变亦能御。

今译　　运数虽然有一定的规律，

但君子只求所做的事合理。

合乎情理，运数也一定不会违背理数。

变化意外固然容易防止，

但君子只求能持守着常道。

持道如常，再多的变化也能加以驾驭。

祥衰一望而可知　善恶岂必因五行

和为祥气，骄为衰气，相人者不难以一望而知；善是吉星，恶是凶星，推命者岂必因五行而定。

今译　　平和就是一种祥瑞之气，骄傲就是一种衰败之气。

看相的人一眼就能看出，并没有丝毫的困难犹豫。

为人善良就是吉星高照，心地歹毒就是灾星临头。

算命的人当时就能推断，根本不用依据阴阳五行。

人生不可安闲　日用必须简省

人生不可安闲，有恒业，才足收放心；日用必须简省，杜奢端，即以昭俭德。

今译　人生在世不可贪闲度日，必须有长期奋斗的事业，
　　　才能够收回放失的本心；平常的花费应简单节省，
　　　彻底杜绝掉奢侈的习性，就可以昭明节俭的美德。

秤心斗胆成大功　铁面铜头真气节

成大事功，全仗着秤心斗胆；有真气节，才算得
铁面铜头。

今译　要想建立伟大的事业，必须靠着坚定的心志，
　　　以及卓越远大的胆识；真正具备了气节的人，
　　　才称得上是铁面无私，不屈于权势者的淫威。

责人且先责己　信己还须信人

但责己，不责人，此远怨之道也；但信己，不信
人，此取败之由也。

今译　只责备自己而不责备他人，
　　　是远离怨恨的最有效方法；

只相信自己而不相信他人，
是招致失败的最主要原因。

❧ 通达者无执滞心　本色人无做作气

无执滞心[1]，才是通方士[2]；有做作气，便非本
色人[3]。

今译　　去除掉执着滞碍的心理，才能算通达事理的人士；
　　　　沾染上矫揉造作的习气，便不是真纯朴素的自己。

注释　　[1] 执滞：执着，固执，拘泥。
　　　　[2] 通方：变通，灵活。
　　　　[3] 本色：谓质朴自然，不加矫饰。《传灯录》卷九：雪
　　　　　　峰和尚入山，采得一枝木头，形状如蛇，在上面题
　　　　　　了两句："本色天然，不假雕琢。"托人捎给大安禅
　　　　　　师。大安见了说："本色住山人，且无刀斧痕。"

❧ 本心作主人　佳名传后世

耳目口鼻，皆无知识之辈，全靠者心作主人；身

体发肤，总有毁坏之时，要留个名称后世。

今译　　眼耳鼻口都是不能够思想的东西，
　　　　完全靠这颗心来作为它们的主宰；
　　　　身体发肤在人死后都会毁坏腐烂，
　　　　总要留一个好名声让后人来称颂。

有天资须加学力　慎大德也矜细行

有生资，不加学力，气质究难化也；慎大德，不矜细行，形迹终可疑也。

今译　　虽然天生的资质很美好，如果不加上后天的学习，
　　　　脾气性情很难有所改进；只对大的事情小心谨慎，
　　　　对细枝末节却不加顾惜，言行终究不能被人信任。

忠厚人颠扑不破　冷淡处趣味弥长

世风之狡诈多端，到底忠厚人颠扑不破[1]；末俗以繁华相尚，终觉冷淡处趣味弥长。

今译 世俗的风气愈来愈变得狡猾欺诈，
但是忠厚人却诚恳踏实稳重质朴，
永远是世人立身行事的光辉典范；
近世的习俗愈来愈崇尚奢侈浮华，
但是淡泊者却宁静恬淡安贫守拙，
更让人体会出了无穷无尽的韵味。

注释 ［1］颠扑不破：无论怎样摔打都不破。比喻言论、学说
牢固可靠，不可推翻、驳倒。

结交直道友　亲近老成人

　　能结交直道朋友，其人必有令名；肯亲近耆德老
成，其家必多善事。

今译 能够与行为正直的人结为朋友，
这样的人必然会有美好的名声；
能够向德高望重的人亲近求教，
这样的家庭必然常有善事发生。

化人解纷争　劝善说因果

　　为乡邻解纷争，使得和好如初，即化人之事也；为世俗谈因果，使知报应不爽，亦劝善之方也。

> 今译　　替乡亲邻居们调解纷争，使他们像最初一样友好，这便是感化他人的事业；给世上的人谈因果报应，使他们知道善恶皆有报，这也是劝人为善的方法。

发达须功夫　福寿多积德

　　发达虽命定，亦由肯做功夫；福寿虽天生，还是多积阴德。

> 今译　　一个人能够飞黄腾达，虽然是由于命运注定，却也是因为他肯努力。一个人能够福多寿长，虽然生下来就有定数，还是要多多行善积德。

百善孝为先　万恶淫为首

常存仁孝心，则天下凡不可为者，皆不忍为，所以孝居百行之先；一起邪淫念，则生平极不欲为者，皆不难为，所以淫是万恶之首。

今译　只要心中常存着仁心与孝心，
那么对任何不应当作的行为，
都会约束自己而不违心去做，
所以孝居于一切行为的首位；
心中一旦有邪曲淫恶的念头，
那么平生极其不情愿做的事，
现在做起来会一点也不困难，
所以淫心是一切恶行的开始。

自奉必减　处世能退

自奉必减几分为好，处世能退一步为高。

今译　对待自己，一定要减轻几分物质享受，才是明智；
与人相处，最好能减轻几分名利争夺，才算聪明。

守分安贫　持盈保泰

守分安贫，何等清闲，而好事者，偏自寻烦恼。
持盈保泰，总须忍让，而恃强者，乃自取灭亡。

今译　能坚守本分而安贫乐道，是多么清闲自在的事情，
　　　然而喜欢无端生事的人，偏偏附膻逐臭自寻烦恼；
　　　事业鼎盛时要不骄不满，凡事忍让才能兴旺不衰，
　　　因此喜欢仗势欺人的人，恰恰无异于在自取灭亡。

境遇无常须自立　光阴易逝早成器

人生境遇无常，须自谋一吃饭本领；人生光阴易
逝，要早定成器日期。

今译　人的一生之中境遭是没有定准的，
　　　自己一定要锻炼养活自己的本事，
　　　才可游刃有余地生活在这个世上；
　　　人的一生时光非常短暂匆匆而逝，
　　　一定要及早订立远大志向和目标，
　　　使自己尽快地成为一个有用的人。

谋道莫有止心　穷理须有真见

　　川学海而至海，故谋道者不可有止心；莠非苗而似苗，故穷理者不可无真见。

　　今译　　河川学习大海并汇向大海，
　　　　　　最终也像大海能容纳百川，
　　　　　　所以追求学问与道德的心，
　　　　　　也应如百川朝海永不止息；
　　　　　　田里的莠草长得很像禾苗，
　　　　　　可是它实际上绝不是禾苗，
　　　　　　所以深刻地究明事理的人，
　　　　　　应具有真知灼见不受蒙蔽。

守身必谨严　养心须淡泊

　　守身必谨严，凡足以戕吾身者宜戒之；养心须淡泊，凡足以累吾心者勿为也。

　　今译　　保持节操必须十分谨慎严格，
　　　　　　凡是足以损害高洁操守的事，

都应该毫不犹豫地加以避免；
涵养心性必须十分宁静淡泊，
凡是足以扰乱本心本性的事，
都应该斩钉截铁而不去沾惹。

有德不必有位　能行不必能言

人之足传，在有德，不在有位；世所相信，在能行，不在能言。

今译　　一个人之所以值得人称道，
　　　　在于他有崇高美好的德性，
　　　　而不在于他有显赫的地位；
　　　　要想使自己被世人所相信，
　　　　在于他有能力处理好事情，
　　　　而不在于能说得天花乱坠。

有誉不如无怨　留产不如习业

与其使乡党有誉言，不如令乡党无怨言；与其为子孙谋产业，不如教子孙习恒业。

今译　　与其使乡里对你称赞有加，

不如让乡里对你毫无抱怨；

与其替子孙谋求田产财富，

不如教子孙学习长久事业。

先贤格言是主宰　他人行事即规箴

多记先正格言，胸中方有主宰；闲看他人行事，眼前即是规箴。

今译　　多记住圣贤们立身处世的格言，

才会主宰心胸而不受时流影响。

冷静地观看他人做事的得与失，

眼前的事便可作为行事的法则。

陶侃精勤犹可及　谢安镇定不可学

陶侃运甓官斋[1]，其精勤可企而及也；谢安围棋别墅[2]，其镇定非学而能也。

今译 名臣陶侃在闲暇的时候，仍然搬运砖头勤劳修习，
这种精勤不懈的上进心，我们还可以模仿并做到。
名将谢安在面临强敌时，仍然在别墅里悠然下棋，
这种雍容镇定的好涵养，我们就不能够学得到了。

注释 [1]"陶侃"句：陶侃，东晋大臣。典出《晋书·陶侃
传》："侃在州无事，辄朝运百甓于斋外，暮运于
斋内。人问其故，答曰：'吾方致力中原，过尔优
逸，恐不堪事。'其励志勤力，皆此类也。"后以
"运甓"比喻不安悠闲，刻苦自励。

[2]"谢安"句：谢安，字安石，东晋阳夏人。典出
《晋书·谢安列传》。晋时符坚率众百万，次于淮
淝，京师震恐。晋孝武帝加谢安为征讨大都督。
"安遂命驾出山墅，亲朋毕集，与玄围棋赌别墅。"
后遂以此表示临危不惧的大将风度。

但患我不肯济人　须使人不忍欺我

但患我不肯济人，休患我不能济人；须使人不忍
欺我，勿使人不敢欺我。

今译 只担心自己不肯去帮助他人，
不必担心自己的能力够不够；

应该使他人不忍心来欺侮我，
而不是畏惧我才不敢欺侮我。

能读书者享福　能教子者创家

何谓享福之人，能读书者便是；何谓创家之人，能教子者便是。

今译　什么叫做懂得享受清福的人呢？
能从读书中得到慰藉的人就是。
什么叫做善于创立家庭的人呢？
能够培养出良好子弟的人就是。

勿溺爱子弟　勿弃绝子弟

子弟天性未漓，教易入也，则体孔子之言以劳之[1]，勿溺爱以长其自肆之心。子弟习气已坏，教难行也，则守孟子之言以养之[2]，勿轻弃以绝其自新之路。

今译　当子弟的天性还纯洁无瑕，
　　　尚未受污染而变得浇漓时，
　　　教导他还比较容易被接受。
　　　因此应该遵循孔子的教导，
　　　"爱护他就要不惜花力气"，
　　　用这种方式尽心地教导他，
　　　而不要对子弟过分地溺爱，
　　　增长了他自我放纵的心态。
　　　当子弟的习性已经被败坏，
　　　恶劣的习性已经逐渐形成，
　　　教导他就非常不易被接受。
　　　因此应该遵循孟子的教导，
　　　"不妨把死马当作活马医"，
　　　用这种方式耐心地期待他，
　　　而不要将子弟轻易地抛弃，
　　　使他失去悔过自新的机会。

注释　[1]"孔子"句：指《论语·宪问》："子曰：'爱之能
　　　　　勿劳乎？忠焉能勿诲乎？'"
　　　[2]"孟子"句：指《孟子·离娄下》："中也养不中，
　　　　　才也养不才，故人乐有贤父兄也。"

忠实无才可立功　忠实无识必坏事

　　忠实而无才，尚可立功，心志专一也；忠实而无识，必至偾事[1]，意见多偏也。

今译　　如果一个人忠心竭力，即使他没有什么才能，
　　　　只要专心致志地工作，还是可以把事情办好；
　　　　如果一个人忠心竭力，却没有应该有的知识，
　　　　必定产生偏见和错误，终把事情弄得一团糟。

注释　　[1] 偾（fèn）事：败事。

居安思危　脚踏实地

　　人虽无艰难之时，却不可忘艰难之境；世虽有侥幸之事，断不可存侥幸之心。

今译　　人即使处在顺畅通达的环境中，
　　　　也绝不能忘却还有逆境的存在；
　　　　世上虽然偶有意外收获的例子，
　　　　但心中切勿有不劳而获的想法。

心静则明　品超斯远

心静则明，水止乃能照物[1]；品超斯远，云飞而不碍空。

今译　只要心性寂静就会宁静而明澈，
就像静止的水能照映事物一般；
只要品格高超就能够脱离物累，
就像浮云飘飞而不碍天空一般。

注释　[1]"水止"句：庄禅观物，皆强调应当心如明镜止水。

读书人贫为顺境　种田人俭即丰年

清贫乃读书人顺境，节俭即种田人丰年。

今译　对于志在求道的读书人而言，
清高而贫穷才是顺达的日子；
对于自给自足的种田人来说，
节约俭朴就算是丰收的年成。

迂拙人不失正直　虚浮士绝非高华

正而过则迂，直而过则拙，故迂拙之人，犹不失为正直；高或入于虚，华或入于浮，而虚浮之士，究难指为高华。

> **今译**　做人太过方正则不通世故，
> 行事太过直率则显得笨拙，
> 但尽管不通世故显得笨拙，
> 这类人仍不失为正直的人；
> 理想太高有时会流于空想，
> 重视华美有时会虚而不实，
> 正因为流于空想虚而不实，
> 这类人终难成为高华的人。

背乎经常皆异端　涉于虚诞皆邪说

人知佛老为异端，不知凡背乎经常者，皆异端也；人知杨墨为邪说，不知凡涉于虚诞者，皆邪说也。

> **今译**　人们都认为佛家和老子的学说，

都是对儒家的正统思想的背离，
然而却不知凡是不合于常理的，
都统统有悖于儒家的正统思想；
人们都知道杨朱和墨子的学说，
均是背离儒家思想的旁门左道，
却不知只要是内容荒诞虚妄的，
都是能够将人引入歧途的邪说。

亡羊补牢未晚　退而结网不迟

　　图功未晚，亡羊尚可补牢；浮慕无成，羡鱼何如结网[1]。

今译　想要有所成就的话，任何时候都不嫌晚。
即使羊已经跑掉了，只要及早修补羊圈，
事情还是可以补救。如果枉自羡慕的话，
就不会有任何作用。希望得到水中的鱼，
就应早早回到家里，尽快织好捕鱼的网。

注释　[1]"羡鱼"句：一味空想，何如采取切实行动。语出
《淮南子·说林训》："临河而羡鱼，不若归家
织网。"

道本足于身　境难足于心

道本足于身，切实求来，则常若不足矣；境难足于心，尽行放下，则未有不足矣。

今译　　大道原本就存在于自性之中，
　　　　即使踏踏实实地努力去追求，
　　　　仍然时时会感到自己的不足；
　　　　外境很难使人欲望得到满足，
　　　　倒不如将欲望的心全然放下，
　　　　那么也就不会有不足的感觉。

读书下苦功　为人留德泽

读书不下苦功，妄想显荣，岂有此理？为人全无好处，欲邀福庆，从何得来？

今译　　读书人如果不肯下苦功夫，
　　　　却非分地想着要显达荣耀，
　　　　天下哪里有这样的道理呢？
　　　　处世没有一点好处给别人，

却妄想去得到福分和喜事，

这些无根的福分怎么会有？

知过即改为君子　肆无忌惮是小人

才觉己有不是，便决意改图，此立志为君子也；明知人议其非，偏肆行无忌，此甘心作小人也。

今译　才发现自己有什么地方做得不对，

便毫不犹豫地立下志向改正它们，

这就是立志成为一个君子的做法；

明明知道有人在议论自己的缺点，

仍不改过且肆无忌惮地为所欲为，

这便是甘心去做一个小人的行为。

交情淡中久　寿命静里长

淡中交耐久[1]，静里寿延长。

今译　在平淡之中交往的朋友，往往能维持到天长地久。

在宁静之中涵养的寿命，必定能延续到地久天长。

注释　[1]"淡中"句：意指贤者交友，平淡如水，不尚虚华，
则情谊长久。《庄子·山木》："君子之交淡如水，
小人之交甘若醴。"

遇事熟思审处　畔起忍让曲全

凡遇事物突来，必熟思审处，恐贻后悔；不幸家
庭畔起，须忍让曲全，勿失旧欢。

今译　如果遇到突然之间发生的变故，
一定要仔细地思考慎重地处理，
以免草率行事而事后追悔莫及；
如果家庭里面不幸生起了瑕隙，
一定要宽容地忍让委曲地求全，
切不要使过去的情感破坏无遗。

聪明勿使外散　耕读何妨兼营

聪明勿使外散，古人有纩以塞耳[1]，旒以蔽日者

矣^[2]；耕读何妨兼营，古人有出而负耒，入而横经者矣。

今译 聪明的人要懂得如何收敛聪明，
才能不使聪明外散而心志不专。
古人曾用棉花塞耳用帽饰遮眼，
为的是来掩饰自己聪明的举动。
田间耕种和室内读书可以兼顾，
才能收获庄稼收获学问两不误。
古人曾日出而耕作日暮而读书，
为的是既能够养身又能够养心。

注释 [1] 纩：古时指新丝棉絮，后泛指棉絮。
[2] 旒：同"瑬"。冕冠前后悬垂的玉串。

天未曾负我　我何以对天

身不饥寒，天未曾负我；学无长进，我何以对天。

今译 能够吃得饱穿得暖，上天不曾亏待我；
学业没有增长进步，我有何颜面对天？

❦　不争得失　惟求知能

不与人争得失，惟求己有知能。

今译　不与他人去争夺名利方面的成功或失败，
　　　只求自己在处理事情时增长智慧与才能。

❦　为人须有主见　做事应知权变

为人循矩变，而不见精神，则登场之傀儡也；做
事守章程，而不知权变，则依样之葫芦也。

今译　为人只知道依着规矩做事，
　　　而不能发挥自己的主体性，
　　　那么就像是戏台上的木偶；
　　　做事只知道墨守现成规则，
　　　而不知通权达变灵活发挥，
　　　那么只不过是照样画葫芦。

文章化境　富贵幻形

山水是文章化境，烟云乃富贵幻形。

今译　　山水灵奇，是文章出神入化的境界；
　　　　烟云过眼，是富贵虚幻缥缈的形象。

细微处留心　德义中立脚

郭林宗为人伦之鉴[1]，多在细微处留心；王彦方
化乡里之风[2]，是从德义中立脚。

今译　　郭泰之所以能够成为人伦的表率，
　　　　是因他在人们不易注意之处留意；
　　　　王烈教化乡里风气使大家知廉耻，
　　　　总是以道德和正义为根本的原则。

注释　　[1]"郭林宗"句：东汉郭泰字林宗，博通经典，居家
　　　　　　教授，弟子至千人，成为人伦的表率。
　　　　[2]"王彦方"句：后汉王彦方以义行称于乡里。有一
　　　　　　人因盗牛被捕，说："宁愿接受任何刑罚，但不要
　　　　　　让王彦方知道这件事。"可见其德望之高。乡里有

争讼之事，就到王彦方那里请求判决。有的走到半路就回去了，有的看见了王彦方的房子就倒身下拜而转回。

人不可欺　我不可闲

天下无憨人，岂可妄行欺诈；世上皆苦人，何能独享安闲。

> **今译**　天下没有真正的笨人，怎么能任意欺侮诈骗；
> 世上多数人都在受苦，怎忍心独自享受安闲？

甘受人欺非懦弱　自作聪明实糊涂

甘受人欺，定非懦弱；自谓予智，终是糊涂。

> **今译**　甘愿受人欺侮的人，一定不是懦弱者；
> 自己以为聪明的人，终究还是糊涂汉。

功德文章传后世　人品心术鉴史官

漫夸富贵显荣，功德文章，要可传诸后世；任教声名煊赫，人品心术，不能瞒过史官。

> 今译　只知道夸耀财富地位，却不能将功德和文章，
> 留传给后世的人瞻仰；任凭你享有显赫声名，
> 可是你的品行和居心，岂能瞒过作史书的人？

闭目可养神　合口可防祸

神传于目，而目则有胞，闭之可以养神也；祸出于口，而口则有唇，阖之可以防祸也。

> 今译　人的精神由眼睛来传达，而眼睛有上下两片眼皮，
> 合起来就可以涵养精神；人的灾祸由说话所造成，
> 而嘴巴有上下两片嘴唇，闭起来就可以避免惹祸。

富贵难教子　寒士须读书

富家惯习骄奢，最难教子；寒士欲谋生活，还是读书。

今译　有钱的人习惯于骄傲奢侈，
　　　　要教导孩子实在难上加难；
　　　　贫穷的读书人想改善生活，
　　　　还要靠刻苦读书才有出路。

苟且不能振　庸俗不可医

人犯一苟字，便不能振；人犯一俗字，便不可医。

今译　人只要沾上得过且过的毛病，
　　　　这个人就一辈子无法振作了；
　　　　人只要沾上庸俗市侩的习气，
　　　　那么用任何药物也医治不了。

立不可及之志　去不忍言之心

有不可及之志，必有不可及之功；有不忍言之心，必有不忍言之祸。

今译　只要能立下他人所不能企及的志向，
　　　必然能建立他人所不能企及的功业。
　　　对人对事若发现错误而不忍心说出，
　　　就必会因为不忍心说出而造成祸害。

事当难处退一步　功到将成莫放松

事当难处之时，只让退一步，便容易处矣；功到将成之候，若放松一着，便不能成矣。

今译　事情到了困难关口，只要能退一步着想，
　　　便会非常容易应付；事情将要成功之时，
　　　只要稍有懈怠疏忽，就很难取得成功了。

🎵 无学为贫　无耻为贱

无财非贫，无学乃为贫；无位非贱，无耻乃为贱；
无年非夭，无述乃为夭；无子非孤，无德乃为孤[1]。

今译　没有钱财不能算做是贫穷，

没有学问才是真正的贫穷；

没有地位不能算做是卑贱，

没有羞耻才是真正的卑贱；

不能长寿不能算做是短命，

没有建树才是真正的短命；

没有儿子不能算做是孤独，

没有德行才是真正的孤独。

注释　[1]"无德"句：《论语·里仁》："德不孤，必有邻。"

🎵 知过能改圣人徒　恶恶太严君子病

知过能改，便是圣人之徒；恶恶太严，终为君子
之病。

今译　　知道自己的过错就加以改正，
　　　　这个人算得上是圣人的门徒；
　　　　攻击恶人太过严厉不留退路，
　　　　到最后就会变成君子的毛病。

诗书为性命　孝悌立根基

士必以诗书为性命，人须从孝悌立根基[1]。

今译　　读书人必须把诗书作为全部的生命，
　　　　作好人必须从孝悌立下扎实的基础。

注释　　[1] 孝悌: 孝顺父母，敬爱兄长。

得意莫自矜　为善须自信

德泽太薄，家有好事，未必是好事，得意者何可自矜；天道最公，人能苦心，断不负苦心，为善者须当自信。

今译　品德不高恩泽不厚，即使家中好事降临，
　　　也不见得就是好事。洋洋得意的家伙啊，
　　　怎可自以为了不起？上天是最为公平的，
　　　人如果能尽心尽力，辛苦一定不会白费。
　　　默默地做善事的人，定要有满满的信心！

自大无长进　自卑难振兴

　　把自己太看高了，便不能长进；把自己太看低了，便不能振兴。

今译　若自我感觉过于良好，便会失去进步的动力；
　　　若自我感觉过于糟糕，便会失去振作的信心。

有为之士不轻为　好事之人非晓事

　　古今有为之士，皆不轻为之士；乡党好事之人，必非晓事之人。

今译　自古以来凡是有所作为的人，

绝不是轻率地应承事情的人；
乡里之中凡是好管闲事的人，
一定是什么事都不明白的人。

不因噎废食　莫讳疾忌医

　　偶缘为善受累，遂无意为善，是因噎废食也；明识有过当规，却讳言有过，是讳疾忌医也。

　　今译　　偶尔因为做善事受到连累，
　　　　　　便心灰意懒不想继续行善，
　　　　　　这就像因被食物鲠住喉咙，
　　　　　　从此就不敢再吃东西一样；
　　　　　　明明知道有过失应当纠正，
　　　　　　却因忌讳错误而不肯承认，
　　　　　　这就像生了病却怕人知道，
　　　　　　因而竟不肯去看医生一样。

宾入幕中沥肝胆　客登座上皆完人

　　宾入幕中[1]，皆沥胆披肝之士；客登座上，无焦头烂额之人。

今译　凡是值得自己信赖并一起商量事情的人，
一定是能够对自己坦诚并竭尽忠诚的人；
凡是值得自己信赖并加以礼敬尊重的人，
必然是一个言行没有过错德行圆满的人。

注释　[1] 宾入幕中：语出《晋书·郗超传》："谢安与王坦之
尝诣（桓）温论事，温令超帐中卧听之，风动帐
开，安笑曰：'郗生可谓入幕之宾矣。'"后因称参
与机密的幕僚为入幕宾。

尽力可种田　凝神好读书

地无余利，人无余力，是种田两句要言；心不外
驰，气不外浮，是读书两句真诀。

今译　地要尽其所用不能浪费，人要尽其力量不能偷懒，
这是种田人的两句格言；心念不要向外奔走驰逐，
精神不要向外散失飘浮，这是读书人的两句诀窍。

造就人才育子弟　暴殄天物祸儿孙

　成就人才，即是栽培子弟；暴殄天物，自应折磨儿孙。

今译　培育出有所成就的人才，就是教育培养出好子弟；
　　　不知爱惜任意浪费东西，就会使儿孙们受苦受难。

平情应物　藏器待时

和气迎人，平情应物。抗心希古[1]，藏器待时[2]。

今译　用祥和的态度去和人交往，
　　　用平等的心情去应对事物。
　　　学习古人高尚自己的心志，
　　　怀抱才能等待可用的时机。

注释　[1] 抗心：高尚其志。
　　　[2] 藏器待时：语本《易·系辞下》："君子藏器于身，
　　　　待时而动。"比喻怀才以等待施展的时机。器，引
　　　　申为才能。

坐稳矮板凳　不负好光阴

矮板凳，且坐着；好光阴，莫错过。

今译　这小小的矮板凳，姑且稳稳地坐着。
人世美好的时光，莫让它白白溜走！

失良心则为禽兽　舍近路则行荆棘

天地生人，都有一个良心。苟丧此良心，则其去禽兽不远矣。圣贤教人，总是一条正路。若舍此正路，则常行荆棘之中矣。

今译　天地创造人生命的同时，赋予了每个人善良的心。
如果失去了这善良的心，就和禽兽没有什么区别。
圣贤谆谆不倦教导众人，总会指出一条阳光大道。
如果放弃这条阳光大道，就会走在困难的境地中。

务本业者境常安　当大任者心良苦

世之言乐者，但曰读书乐，田家乐。可知务本业者，其境常安。古之言忧者，必曰：天下忧，廊庙忧[1]。可知当大任者，其心良苦。

今译　今人谈到快乐的事情，都只是提读书的快乐，以及田园生活的快乐。可见只要本分地工作，勤勉不懈地辛勤努力，就能进入安乐的境地。古人谈到忧心的事情，一定是担忧天下苍生，以及担忧朝廷的政事。可见具备了足够能力，担负起重大使命的人，他的用心一定很良苦。

注释　[1]"天下忧"二句：宋范仲淹《岳阳楼记》："居高庙堂之高，则忧其民；处江湖之远，则忧其君。是进亦忧，退亦忧，然则何时而乐耶？曰：先天下之忧而忧，后天下之乐而乐乎。"廊庙，殿下屋和太庙。指朝廷。

求死之人天难救　降祸之天人能免

天虽好生，亦难救求死之人；人能造福，即可邀悔祸之天。

> 今译　上天虽然喜欢让万物充满生机，
> 　　　却也没办法挽救自寻死路的人；
> 　　　人如果多做善事就能自致幸福，
> 　　　可使上天要降的灾祸免于发生。

薄族薄师少信人　恃力恃势无善果

薄族者，必无好儿孙；薄师者，必无佳子弟，君所见亦多矣。恃力者，勿逢真敌手；恃势者，勿逢大对头，人所料不及也。

> 今译　苛刻地对待族人的人，必定会没有好的后代；
> 　　　狂妄地藐视师长的人，必定没有优秀的子弟。
> 　　　这种情形我见得多了。倚仗力大而肆无忌惮，
> 　　　会遇上力气更大的人；凭仗权势来欺压他人，
> 　　　会遇上更厉害的对头。这都是料想不到的事。

为学不外静敬　教人先去骄惰

为学不外静、敬二字，教人先去骄、惰二字。

今译　研治学问，不外乎"静"和"敬"两个诀窍；
　　　教导他人，先去掉"骄"和"惰"两个毛病。

对知己无惭　求读书有用

人得一知己，须对知己而无惭；士既多读书，必求读书而有用。

今译　人生在世很难遇上一个知心的朋友，
　　　面对知己应丝毫没有感到惭愧之处；
　　　读书人既然埋头读了许许多多的书，
　　　必须将学问运用到实践中才不落空。

直道教人　诚心待人

以直道教人，人即不从，而自反无愧，切勿曲以

求容也；以诚心待人，人或不谅，而历久自明，不必
急于求白也。

今译　　以正直的道理去教导他人，

即使他固执己见不听从我，

只求我真心实意问心无愧，

切不要委曲求全于理有损；

以诚恳的心灵来对待他人，

他人即使不理解而有误会，

日子一久自然会知道你心，

不须急着去向他辩白解释。

粗粝能甘　纷华不染

粗粝能甘[1]，必是有为之士；纷华不染[2]，方称
杰出之人。

今译　　能够坦然享用粗劣的食物，必然是大有作为的人；

能够不被声色荣华沾染，才称得上优秀杰出的人。

注释　　[1] 粗粝：糙米。泛指粗劣的食物。

[2] 纷华：繁华，富丽。

性情执拗不可与谋　机趣流通始可言文 🌀

性情执拗之人，不可与谋事也；机趣流通之士，始可与言文也。

今译　性情十分固执而且乖戾的人，
　　　往往不能和他一起商量事情；
　　　天性充满趣味活泼无碍的人，
　　　这才可以和他谈论文学之妙。

世事不必全能　愿与古人相通 🌀

不必于世事件件皆能，惟求与古人心心相印[1]。

今译　对于世事，不必样样都知道都能做；
　　　只求对古人的心神意趣，能够心领神会。

注释　[1] 心心相印：佛教禅宗语。不依赖言语，以心互相
　　　印证。

一天作为心不惭　一生成就足自慰

夙夜所为，得毋抱惭于衾影[1]；光阴已逝，尚期收效于桑榆[2]。

今译　反思每一天早晚的所作所为，
暗中想起来能不能于心无愧？
人生的光阴虽早已飞逝而去，
总想晚年能看到这一生有成！

注释　[1]"抱惭"句：语本北齐刘昼《新论·慎独》："独立不惭影，独寝不愧衾。"无惭于衾影，是指独处时没有愧对于心的行为。

[2]桑榆：三国魏曹植《赠白马王彪》："年在桑榆间，影响不能追。"比喻晚年，垂老之年。

创业维艰贻后世　克勤克俭对先人

念祖考创家基，不知栉风沐雨[1]，受多少辛苦，才能足食足衣，以贻后世；为子孙计长久，除却读书耕田，恐别无生活，总期克勤克俭[2]，毋负先人。

今译　思念起祖先创立家业，经受过多少风风雨雨，

饱尝过多少困苦艰辛，才能够做到衣食暖饱，

留下财产给后代子孙；为子孙作长远的打算，

除了读书和耕田之外，恐怕就再没有别的了，

总希望他们勤俭生活，莫辜负了先人的辛劳。

注释　[1] 栉风沐雨：风梳发，雨洗头。形容奔波劳碌。语出

《庄子·天下》："沐甚雨，栉急风。"

[2] 克勤克俭：既勤劳，又节俭。《尚书·大禹谟》：

"克勤于邦，克俭于家。"

乡里所赖有济于世　死后可传此生不虚

但作里中不可缺少之人[1]，便为于世有济；必使
身后有可传之事，方为此生不虚。

今译　成为乡里中不可缺少的人，

就算是对社会有所贡献了；

死后有足以被人称道的事，

这一生才算没有白白地活。

注释　[1] 里中：同里的人，即同乡。

齐家先修身　读书在明理

齐家先修身，言行不可不慎；读书在明理，识见
不可不高。

今译　治理家庭首先要将自己修养好，
言行方面一定要谨慎没有过失；
读书治学的目的在于明达事理，
一定要使自己的见识高超出众。

积善有余　多藏必失

桃实之肉暴于外，不自吝惜，人得取而食之；食
之而种其核，犹饶有生气焉，此可见积善者有余庆也。
栗实之肉秘于内，深自防护，人乃剖而食之；食之而
弃其壳，绝无生理矣，此可知多藏者必厚亡也[1]。

今译　桃子的果肉暴露在外面，毫不吝啬地给人们食用。
因此人们在吃了它之后，会将桃子的核种入土中，
使它长出桃树生生不息。由此可见多做善事的人，
自然会遗留给子孙德泽。栗子的果肉深藏在壳内，

好像尽力在保护着自己。必须用刀剖开才能吃它，吃完了之后就将壳丢弃，因此栗子无法生根发芽。由此可见吝于付出的人，往往是自己招致了灭亡。

注释　[1] 厚亡：亡失很多。

有守足重　立言可传

有守虽无所展布，而其节不挠，故与有猷有为而并重[1]；立言即未经起行，而于人有益，故与立功立德而并传[2]。

今译　能严谨地坚守着道义而不变节，
　　　虽然对道义并没有推展的功劳，
　　　却有能够守节不屈的坚强志向，
　　　所以和有谋划有作为同等重要。
　　　从语言文字方面宣扬阐述道理，
　　　虽然并没有用行动来加以表现，
　　　却已经使听到的人得到了收益，
　　　因此和建功勋立功德同样不朽。

注释　[1] 与有猷有为而并重：《尚书·洪范》：“凡厥庶民，有猷有为有守。”猷，谋略，计划。

［2］"立言"三句：古代以立言、立功、立德为三不朽。
《左传·襄公二四年》："太上有立德，其次有立
功，其次有立言。虽久不废，此之谓不朽。"

殷殷求教善必笃　津津有味德可期

遇老成人，便肯殷殷求教，则向善必笃也；听切
实话，觉得津津有味，则进德可期也。

今译　遇到年高有德的人，便热心而诚挚地请求教诲，
这个人的向善之心必定深重专一；
听到实实在在的话，便觉得有滋有味兴致浓厚，
这个人的德业进步是可想而知。

真涵养有真性情　大见识出大文章

有真性情，须有真涵养；有大识见，乃有大文章。

今译　要想有至真无妄的性情，一定先要有真正的修养；
具备了卓越超群的见识，一定能写出雄大的文章。

为善要讲让　立身务得敬

为善之端无尽，只讲一让字，便人人可行；立身之道何穷，只得一敬字，便事事皆整。

今译　　行善的方法无穷无尽，只要能讲求谦虚礼让，
　　　　则人人都可以来践行。处世的道理万万千千，
　　　　只要能做到恭恭敬敬，则事事都可以做得成。

是非要自知　正人先正己

自己所行之是非，尚不能知，安望知人？古人已往之得失，且不必论，但须论己。

今译　　自己行为举止是对是错，尚且还不能确切地知道，
　　　　怎么能知道他人的对错？古人所作所为是得是失，
　　　　暂且用不着去议短论长，只须先看清自己是怎样。

❧ 仁厚乃儒术之本　虚浮为处世之弊

治术必本儒术者，念念皆仁厚也；今人不及古人者，事事皆虚浮也。

今译　治理国家之所以一定要本于儒家的方法，
在于儒家的治国之道出于仁爱宽厚之心；
现代人的道德与操守之所以比不上古人，
在于现代人做的事都极其虚浮而不稳定。

❧ 祸起于不忍　处世须谨慎

莫大之祸，起于须臾之不忍，不可不谨。

今译　天大祸事，都是因为一时不能忍耐，不能不谨慎。

❧ 人人为我　我为人人

家人长幼，皆倚赖于我，我亦尝体其情否也？士之衣食，皆取资于人，人亦曾受其益否也？

> 今译 一家子的长幼老少，都要依靠自己生活，
> 我是否试着去体会，他们的情感和需要？
> 读书人在衣食方面，都要依靠别人供给，
> 我是否也尽了努力，让别人能得到益处？

富贵应读书积德　愚少宜亲贤事长

　　富不肯读书，贵不肯积德，错过可惜也；少不肯事长，愚不肯亲贤，不祥莫大焉！

> 今译 富有的时候不肯好好读书，
> 显贵的时候不能积下德业，
> 错过了宝贵时机实在可惜；
> 年轻的时候不肯敬奉长辈，
> 脑子糊涂又不肯请教贤人，
> 这是最为凶险可怕的兆头！

五伦立后有大经　四子成后有正学

自虞廷立五伦为教[1]，然后天下有大经；自紫阳集四子成书[2]，然后天下有正学。

今译　自从舜让契担任司徒，用君臣、父子、兄弟、夫妇、朋友五伦之理教育百姓，天下才有了万世不可变易的人伦之道；自从朱熹将《论语》《孟子》《大学》《中庸》四种儒家经典编集为四书，天下才有了一切学问圭臬的中正之学。

注释　[1] 虞廷：指虞舜的朝廷，相传虞舜为古代的圣明之主，故亦以"虞廷"为"圣朝"的代称。五伦：旧指君臣、父子、兄弟、夫妻、朋友之间五种伦理关系，也称五常。

[2] 紫阳：宋代理学家朱熹的别称。朱熹的父亲朱松曾在紫阳山读书，朱熹后居福建崇安，题厅事曰紫阳书室，以示不忘。四子成书：指《论语》《大学》《中庸》《孟子》四部儒家的经典。

意趣清利禄不动　志量远富贵不淫

意趣清高，利禄不能动也；志量远大，富贵不能淫也。

今译　心意志趣清雅而高尚的人，
金钱利禄无法改变他的心志；
志气度量高远而广大的人，
富贵荣华不能迷乱他的心志。

势家女公婆难做　富家儿师友难为

最不幸者，为势家女作翁姑；最难处者，为富家儿作师友。

今译　最不幸运的事情，
莫过于做权势人家女儿的公公和婆婆；
最难相处的事情，
莫过于作富贵人家子弟的教师和朋友。

钱能福人祸人　药能生人杀人

　　钱能福人，亦能祸人，有钱者不可不知；药能生人，亦能杀人，用药者不可不慎。

　　今译　金钱能够为人们带来幸福，
　　　　　　同样能够为人们带来祸害，
　　　　　　有钱人一定要明白这一点；
　　　　　　药物能挽救一个人的生命，
　　　　　　同样能夺去一个人的生命，
　　　　　　用药人一定要加倍地小心。

身体力行　集思广益

　　凡事勿徒委于人，必身体力行，方能有济；凡事不可执于己，必集思广益，乃罔后艰。

　　今译　不要事事都靠他人，必须亲自动手去做，
　　　　　　才能对自己有帮助；不要事事自作主张，
　　　　　　必须汲取众人智慧，才没有日后的艰难。

工课无荒成大业　官箴有玷未为荣

耕读固是良谋，必工课无荒，乃能成其业；仕宦虽称贵显，若官箴有玷[1]，亦未见其荣。

今译　耕种读书并重固然是个好办法，
但总要保证在学业方面不荒怠，
才能成就经世治国的赫赫功业；
做官虽然可以算得上富贵显达，
但是如果为官而有玷污的行为，
也不见得能够给自己带来荣誉。

注释　[1] 官箴：做官的戒规。

儒者多文为富　君子疾名不称

儒者多文为富，其文非时文也；君子疾名不称[1]，其名非科名也。

今译　读书人能多写作文章就算是宝贵财富，
然而这种文章并不是应付考试的文章；

有德者担心死后名声不能为世人称道，
但是这个名声并不是科举考试的名声。

注释　[1]"君子"句:《论语·卫灵公》:"子曰:'君子疾没
世而名不称焉。'"

收放心　干大事

"博学笃志，切问近思"，此八字是收放心的功夫[1]；"神闲气静，智深勇沉"，此八字是干大事的本领。

今译　广博地汲收学问并维持志向坚定，
切实地向他人请教并仔细地思考，
这是收回放失之心最重要的功夫；
心神雍容而安祥意气沉稳而宁静，
拥有很深邃的智慧和沉毅的勇气，
这是完成伟大使命最主要的能力。

注释　[1]放心:放纵之心。《尚书·毕命》:"虽收放心，闲之惟艰。"《孟子·告子上》:"孟子曰:'仁，人心也；义，人路也。舍其路而弗由，放其心而不知求，哀哉!'"

肯规我过为益友　必徇己私是小人 ✍

何者为益友？凡事肯规我之过者是也。何者为小人？凡事必徇己之私者是也。

今译　什么样的朋友才能算益友呢？
　　　凡遇到我做事有不对的地方，
　　　肯直言规劝我的人就是益友。
　　　哪一类的人才是真正的小人？
　　　凡是遇到对他有利益的事情，
　　　便一味谋求私利的就是小人。

待子孙不可宽　行嫁礼不必厚 ✍

待人宜宽，惟待子孙不可宽；行礼宜厚，惟行嫁娶不必厚。

今译　待人接物时候应该宽容大度，
　　　惟有对待子孙不可过于宽大；
　　　表示礼貌之时应该详尽周到，
　　　惟有办婚事时不可大肆铺张。

事观已然知未然　人尽当然听自然

事但观其已然，便可知其未然；人必尽其当然，乃可听其自然。

> **今译**　一件事情只要看它已经怎样，
> 便可推知它未来的发展趋势；
> 一个人只要努力地尽其本分，
> 其余便可以顺其自然地发展。

观规模知事业　察德泽知门祚

观规模之大小，可以知事业之高卑；察德泽之浅深，可以知门祚之久暂[1]。

> **今译**　只要观察一件事规模体式的大小，
> 便可知这项事业是高尚还是卑下。
> 只要观看一个人恩情德泽的浅深，
> 便可知这个家庭是否能绵延长久。

> **注释**　[1] 门祚: 家世。

君子尚义　小人趋利

义之中有利，而尚义之君子，初非计及于利也；利之中有害，而趋利之小人，并不愿共为害也。

今译　在义行之中也会得到利益，

但君子开始时只重视义理，

并没有料想到重义会得利；

在利益之中也会包含祸害，

但小人开始时只追求利益，

并没有料想到重利会得祸。

谨慎必善后　高位难保终

小心谨慎者，必善其后，畅则无咎也；高自位置者，难保其终，亢则有悔也[1]。

今译　凡是小心谨慎的人，事后必定妥善处理。

因为只要通达谨慎，必然不会犯下过错。

凡是居于高位的人，很难保持地位长久。

因为只要达到顶点，就会开始走下坡路。

注释　　[1] 亢则有悔：《易·乾》："上九，亢龙有悔。"意
　　　　　思是居高位而不知谦退，则盛极而衰，不免败
　　　　　亡之悔。亢龙，泛指刚愎躁之人。

　　　　　勿借耕读谋富贵　莫用衣食逞豪奢

　　耕所以养生，读所以明道，此耕读之本原也，而
后世乃假以谋富贵矣。衣取其蔽体，食取其充饥，此
衣食之实用也，而时人乃藉以逞豪奢矣。

今译　　耕种原是为了养护生命，读书原是为了明白道理，
　　　　　这是耕种和读书的本意。然而到了现在这个时候，
　　　　　人们却用它来追求富贵。穿衣原是为了遮住身体，
　　　　　吃饭原是为了填饱肚子，这是衣与食的实际用途。
　　　　　然而到了现在这个社会，人们却用它来夸示豪奢。

　　　　　一官到手怎施行　万贯缠腰怎布置

　　人皆欲贵也，请问一官到手，怎样施行？人皆欲
富也，且问万贯缠腰，如何布置？

今译　　人人都希望自己显贵，但是请问一旦做了官，
　　　　你将怎样去推行政务？人人都希望自己富有，
　　　　但是请问一旦成巨富，如何将钱财合理运用？

偶谭

[明] 李鼎 著

偶谭自序

李生掩关山中，阒然无偶。既戒绮语，绝笔长篇。兴到辄成小诗，附以偶然之语，亦云无过三行。盖习气难除，聊用自宽耳。如其驴技长鸣，即犯虎溪严律。

豫章李鼎长卿识

应知火坑非活计　莫从鬼窟作生涯

舍骨肉而决烈一朝，只为火坑非活计；殉面皮而应酬终日，翻从鬼窟作生涯。阎王遣使来勾，别人替我不得。

今译　舍弃骨肉而一朝立下志向出家，
　　　只因火坑般的人世间难以让慧命维系；
　　　厚着脸皮而终日打起精神应酬，
　　　只能在鬼窟般的人世间勉强苟活偷生。
　　　阎王派鬼使来勾魂时，别人代替不了你自己！

外护主人捐善地　内修道侣授真诠

外护主人捐善地[1]，何殊丛桂秋风；内修道侣授真诠[2]，奚翅明珠夜月。如其玩时日而积愆尤[3]，毕竟转轮回而趋坠落。

今译　从外面护持佛教的施主，
　　　捐献善地建立佛寺，何殊丛桂漾秋风；
　　　从内部护持身心的禅友，

传授真诠探讨佛法，岂止明珠映夜月！
如果仅仅是消磨时日积累过失，
到头来终将堕入轮回万劫不复！

注释　[1] 外护：僧侣以外之出家人，如族亲、施主等，为佛
　　　　教从事种种善行，如供给僧尼衣食以助其安稳修
　　　　行，或尽力援护佛法之弘通等。亦即从外部以权
　　　　力、财富、知识等护持佛教，并扫除种种障碍以利
　　　　传道。
　　　[2] 内修：犹内护。僧徒依佛所制之戒法，护持自己身
　　　　心，使离身口意三业之非，称为内护。
　　　[3] 愆尤：过失，罪咎。唐李白《古风》诗之十八：
　　　　"功成身不退，自古多愆尤。"

万壑疏风清两耳　九天凉月净初心

　　万壑疏风清两耳，闻世语，急须敲玉磬三声；九
天凉月净初心[1]，颂真经，胜似撞金钟百下。

今译　万壑疏风清爽两耳，
　　　听到世俗的话，急须敲玉磬三声；
　　　九宵凉月净化初心，
　　　颂读佛教真经，胜似撞金钟百下。

注释　　[1] 初心：初发心，指初发心求菩提道者。

直至忘无可忘　乃是得无所得

　　大道玄之又玄，人世客而又客。直至忘无可忘，乃是得无所得。

　　今译　　大道是玄妙而又玄妙，人世是过客里的过客。
　　　　　　直到忘却了无可忘却，才是得到了了无所得。

愧作佛前弟子　永为世外闲人

　　扫地焚香，愧作佛前之弟子；草衣木食，永为世外之闲人。

　　今译　　扫净地焚心香，很惭愧成为佛前的弟子；
　　　　　　披草衣食野果，要永远成为世外的闲人。

欲附慈航　请敦慧剑

断弦而梦谢双飞，已脱周妻之累[1]；奉斋而未捐五净[2]，实余何肉之惭。欲附慈航[3]，请敦慧剑[4]。

今译　　妻子亡故后而不再鸳梦重温，

　　　　已经脱离了周颙妻子的拖累；

　　　　奉斋吃素而没有戒绝掉五净，

　　　　实是遗留下何胤食肉的惭愧。

　　　　想登上慈悲度人的佛法之舟，

　　　　请高举起智慧之剑斩断尘缘！

注释　　[1] 周妻之累：《南史·周颙传》："清贫寡欲，终日长蔬，虽有妻子，独处山舍。甚机辩……何胤亦精信佛法，无妻。太子又问颙：'卿精进何如何胤?'颙曰：'三涂八难，共所未免，然各有累。'太子曰：'累伊何?'对曰：'周妻何肉。'"据《南史·何尚之传附点弟胤传》："初，胤侈于味，食必方丈。……周颙与胤书，劝令食菜……胤末年遂绝血味。"

　　　　[2] 五净：佛教指五种净肉，即不见杀，不闻杀，不为我杀，自死，鸟兽食残。这是佛教为想茹素而一时又做不到的居士开的方便法门，最终目的还是要引导茹全素。

［3］慈航：佛、菩萨以尘世为苦海，故以慈悲救度众
　　　生，出离生死大海，犹如以舟航度人，故称慈航、
　　　慈舟。

［4］慧剑：《维摩经·菩萨行品》："以智慧剑，破烦恼
　　　贼。"佛教喻智慧如剑，能斩断一切烦恼。永嘉玄
　　　觉禅师《证道歌》："大丈夫秉慧剑，般若锋兮金
　　　刚焰。非但能摧外道心，早曾落却天魔胆。"宋释
　　　道潜《赠贤上人》："恒山道人弃妻孥，坏衣祝发
　　　从浮图。爱缠欲网岂易脱，慧剑划断真须臾。"

经世出世有真宗　不神而神有妙理

　　三教大圣人，阐经世出世之真宗，心心相印；一
身小天地，会不神而神之妙理，绵绵若存。

　　　今译　　儒释道三教的大圣人，阐明的是治理人间世，
　　　　　　　以及脱离尘世的纲领，途径不同却心心相印；
　　　　　　　人的身体犹如小宇宙，领悟透了不显示神明，
　　　　　　　却能神妙无穷的妙理，精神生命就万古长存。

发杀机销雄心　运生机补元气

发杀机以销不尽之雄心，运生机以补既漓之元气。
宇宙在手，谁曰不然。

今译　激发杀机以排遣无穷无尽的雄心；

运用生机以补充已经浇薄的元气。

宇宙在我的手中，谁说不是这样？

意在笔先　慧生牙后

意在笔先，向包羲细参易画[1]；慧生牙后，恍颜
氏冷坐心斋[2]。

今译　思想生起在落笔之先，

向伏羲仔细参究周易八卦的妙理；

智慧生起在言语之后，

如颜回静静体会定心斋戒的神趣。

注释　[1]"向包羲"句：意为向伏羲氏细细参究周易卦象的

含义。周易中的八卦分为先天八卦和后天八卦，先

天八卦相传为伏羲氏所创。包羲，即伏羲。

[2] "恍颜氏"句：意为排除一切思虑与欲望，保持心
境的清净纯一。《庄子·人间世》载颜回向孔子询
问斋戒之法，孔子告诉他："若一志，无听之以耳
而听之以心，无听之以心而听之以气。听止于耳，
心止于符。气也者，虚而待物者也。唯道集虚，虚
者心斋也。"

身外有身　窍中有窍

　　身外有身，捉麈尾矢口闲谈[1]，真如画饼；窍中
有窍，向蒲团回心究竟[2]，方是力田。

今译　　身体的外边还有一个身体，

　　　　挥着麈尾漫无边际地高谈阔论，

　　　　就好像画饼企图充饥；

　　　　心灵的里面还有一个心灵，

　　　　坐在蒲团上反求诸己参悟至道，

　　　　才是真正地耕种福田。

注释　　[1] 麈尾：古人闲谈时执以驱虫、掸尘的一种工具。后
　　　　古人清谈时必执麈尾，相沿成习，为名流雅器，不
　　　　谈时，亦常执在手。矢口：开口，随口。表示不用
　　　　思索，敏捷。汉扬雄《法言·五百》："圣人矢口

而成言，肆笔而成文。"

[2] 回心：回转心意，即改变对世俗欲望的追求与邪恶
之心，转向善道，并从此皈佛教，成为虔诚之佛教
徒。究竟：对事物作彻底极尽的探究之意。

꧁ 远性清风疏　逸情白云上

　　定息不离几席，远性风疏；潜身独向嵁岩[1]，逸
情云上。

今译　　调心息虑不离开几席之间，
幽远的心情如清风般疏朗；
暗中独自来到幽深的山岩，
高逸的情怀飘飞在白云上。

注释　　[1] 嵁（kān）岩：高峻的山岩。《庄子·在宥》："故
贤者伏处大山嵁岩之下，而万乘之君忧慄乎庙堂
之上。"

꧁ 文生于情情生于文　诗中有画画中有诗

　　文生于情，情生于文，问子荆直应卷舌[1]；诗中

有画，画中有诗，起摩诘只合点头[2]。

今译　是文章产生于感情，还是感情产生于文章，

如果用这个问题询问向楚一定会使他卷舌；

诗歌中蕴含着画意，绘画中也蕴含着诗情，

如果使诗人王维复活他一定会点着头赞许。

注释　[1]"问子荆"句：晋孙楚字子荆，才藻卓绝，英迈不
群。孙楚年轻时打算隐居，对王济说："吾欲漱石
枕流。"济笑道："流非可枕，石非可漱。"孙楚说
道："枕流欲洗其耳，漱石欲厉其齿！"按习惯用语
是枕石漱流，本书作者认为孙楚是将此话说反了，
为掩饰错误，而为文生情，所以有此问。

[2]"诗中有画"三句：苏轼称赞王维时说："味摩诘之
诗，诗中有画；味摩诘之画，画中有诗。"成为文
学史上对王维诗歌最著名的评语。

机关不设立　言句都弃捐

操鬼神觑不破之机关，定是机关不立；会圣贤道
不出之言句，必然言句都捐。

今译　能操持鬼神也觑不破的机关，

一定是什么机关也不用设立；

能说出圣贤也说不出的言句，

必然是什么言句都加以弃捐。

水流云俱在　月到风来时

水流云在[1]，想子美千载高标；月到风来[2]，忆尧夫一时雅致。

今译　心境像流水般舒缓，似白云般飘逸，

可以想见杜甫千载之上的高华风范；

明月照射到眼前，清风吹拂过身体，

令人思念邵雍此时此刻的幽雅韵致。

注释　[1] 水流云在：唐杜甫《江亭》："水流心不竞，云在意
俱迟。"

[2] 月到风来：宋邵雍，字尧夫，其《清夜吟》云：
"月到天心处，风来水面时。一般清意味，料得少
人知。"

功成而身退　心远地自偏

身退日，便是功成名遂，犹龙老子神哉[1]；心远时，自无马隘车填，五柳先生卓矣[2]。

今译　身体退隐之日，当在功成名就之时，

老子的思想犹如神龙一样变化不测；

心境高远之时，自无车马塞门填巷，

陶渊明的见识确实是卓绝不同凡响！

注释　[1]"身退日"三句：《老子》："功成、名遂、身退、天之道。"后以"功成身退"指大功告成，自身隐退；不再作官。《老子》："功成而弗居，夫唯弗居，是以不去。""功成身退，天之道。"犹龙，指老子。《史记·老子列传》："孔子去，谓弟子曰：'……至于龙吾不能知，其乘风云而上天。吾今日见老子，其犹龙邪！'"

[2]"心远时"三句：晋陶渊明《饮酒》："结庐在人境，而无车马喧。问君何能尔，心远地自偏。"陶渊明，自号五柳先生。

寸步不离孔矩　真机只在人心

　　青牛西去[1]，白马东来[2]，万里间关[3]，寸步不离孔矩；圆盖上浮[4]，方舆下奠[5]，四时往复，真机只在人心[6]。

今译　青牛载老子西涉流沙，白马驮经书东来华夏，
　　　　万里辛苦奔走，寸步没离开儒风；
　　　　圆盖般的天浮在上面，车箱般的地铺在下面，
　　　　四季循环往复，真机只在于人心。

注释　[1] 青牛西去：《列仙传》："老子西游，关令尹喜望见有紫气浮关，而老子果乘青牛而过也。"

　　　　[2] 白马东来：东汉明帝时摄摩腾竺法兰初自西域以白马驮经而来，舍于鸿胪寺。永平十一年（68）在河南洛阳市东郊创建白马寺，为佛教传入中国后最早的寺院。

　　　　[3] 间关：道路崎岖难行。

　　　　[4] 圆盖：指天。古时认为天圆如盖。

　　　　[5] 方舆：指大地。古时认为地为方形。《易·说卦》以坤为地，又为大舆，能载万物，故称地为方舆。

　　　　[6] 真机：唐杜牧《逢故人》："投人销壮志，徇俗变真机。"《五灯会元》："高超名相，妙体全彰；迥出古今，真机独露。"

达人撒手悬崖　俗子沉身苦海 🜨

开国元老，当须让圯上一翁[1]；定策奇勋，谁得似商山四皓[2]。达人撒手悬崖，俗子沉身苦海[3]。

今译　建立汉朝政权的元老，

应当推圯上那位传授张良兵法的老翁；

立下稳定汉室的奇勋，

谁能比商山中能保全太子地位的四老？

这些通达天命的人能及时从危险的境界退出，

唯有那些凡夫俗子才贪恋禄位永远沉沦苦海。

注释　[1] 圯上一翁：指秦末授张良《太公兵法》于圯上的老父。典出《史记·留侯世家》。

[2] 商山四皓：指秦末四位信奉黄老之学的博士：东园公唐秉、夏黄公崔广、绮里季吴实、用里先生周术。为避秦乱，隐于商山，年皆八十有余，须眉皓白，故称"商山四皓"。他们曾经向汉高祖刘邦讽谏不可废去太子刘盈（即后来的汉惠帝）。后以实泛指有名望的隐士。

[3] 按："达人"二句亦见于明洪应明《菜根谭》。

三徙成名笑范蠡　一朝解绶羡渊明

三徙成名，笑范蠡碌碌浮生，纵扁舟负却五湖风月[1]；一朝解绶，羡渊明飘飘遗世，命巾车归来满架琴书[2]。

今译　可笑范蠡多次迁徙成就名声，一辈子忙忙碌碌，驾着扁舟却忙于经商，而不知道欣赏五湖风月；可羡陶潜一朝弃官归还印绶，飘飘然脱离尘世，驾着巾车畅游于乡野，回到房间里满架是琴书。

注释　[1]"三徙成名"三句：《史记·越王勾践世家》载，范蠡辅句践灭吴后，以为大名之下，难以久居，遂乘舟浮海而去，句践将会稽山作为范蠡奉邑。范蠡浮海出齐，变姓名，自称鸱夷子皮，耕于海畔，不久家产数十万。齐人闻其贤，让他做宰相。范蠡说："久受尊名，不吉祥。"还相印，散家财，来到陶地经商，自称陶朱公，不久家产又有数万。司马迁说："故范蠡三徙，成名于天下，非苟去而已，所止必成名。"

[2]"一朝解绶"三句：陶渊明为彭泽令，因不愿为五斗米折腰向乡里小儿，弃官归隐。其《归去来兮辞》云："或命巾车，或棹孤舟。""悦亲戚之情话，乐琴书以消忧。"巾车，有车衣的车。

孔子与孟子 真为大丈夫 ❧

先天而天弗违，后天而奉天时，孔子其大人也[1]；得志与民由之，不得志独行其道，孟氏真丈夫哉[2]。

今译 在先天时代行及天合于人不违背人意，

在后天时代行及人合于天要顺应天理，

悟出了这个道理的孔子真是大圣人啊！

得志时就推己及人与人一起分享成果，

不得志时就坚持原则独自修养好自己，

悟出了这个道理的孟子真是大丈夫啊！

注释 [1]"先天"三句：语出《易·乾·文言》："夫大人者……先天而天弗违，后天而奉天时。"

[2]"得志"三句：《孟子·滕文公下》："得志与民由之，不得志独行其道。……此之谓大丈夫。"

人皆有不忍之心 我善养浩然之气 ❧

人皆有不忍之心[1]，充之足保四海；我善养浩然之气[2]，究之可塞两间。

今译　每个人都有不忍杀生的仁心，

扩充它足以保有四海；

我善于培养博大阳刚的浩气，

穷究它可以充满天地。

注释　[1] 不忍之心：《孟子·梁惠王上》载，梁惠王不忍心
看到牛被宰杀，让人用羊来替换它。孟子抓住这件
事加以发挥，劝梁惠王将此不忍之心加以扩展，并
且说这种不忍之心"合于王者"。

[2] 浩然之气：《孟子·公孙丑上》："我善养吾浩然之
气。……其为气也，至大至刚，以直养而无害，则
塞于天地之间。"

慧定不用是大慧　神化合虚是至神

戒生定，定生慧。慧定而不用，是名大慧。精化
气[1]，气化神。神化则合虚，是名至神。

今译　持戒生定，定力生慧。有了智慧定力而不用，
这才是最高深的智慧。精返为气，气返为神。
神返回到虚明的太极，这才是最微妙的元神。

注释　[1] 精化气：文王后天八卦加入了五行学说，从而表现

了宇宙万物流行，即运动、变化、发展的特点。反映了万物化生、生生不息的演化程式。太极生两仪，两仪生四象，四象生八卦，八卦而成六十四卦。这是一条顺天而生人、生万物的运行路线。道教超越思想逆此为用，使精返为气，气返为神，神返为虚，归于太极，返于无极，达到永恒。

名利场中羽客　烟花队里仙流

名利场中羽客[1]，人人输蔡泽一筹[2]；烟花队里仙流[3]，个个让涣之独步[4]。

今译　名利场中的高士们，人人都要比蔡泽逊色一等；
脂粉队里的神仙辈，个个都要让涣之独占鳌头。

注释　[1] 羽客：羽人，神话中有羽翼的人，仙人。
[2] 蔡泽：战国燕人。善辩，游说诸侯。后入秦，昭王拜为客卿，代范雎为相，后来激流勇退，称病，归相印，居秦十余年而终。
[3] 烟花：指妓女。
[4] 涣之：即之涣，唐代诗人王之涣。此以押韵而颠倒。《唐才子传》卷三《王之涣传》载，王之涣每写好一篇作品后，乐工都将它谱成歌曲。之涣与王

昌龄、高适为好友。三人曾经一起到酒楼喝酒，有歌女继至，昌龄说："我们都有诗名，不分上下，可听诸人唱诗，谁的诗被唱得最多，谁就是胜者。"后来诸位歌女唱得最多的乃是王之涣的诗。三人大笑，诸歌女问其缘由，才知道他们就是作者，拜道："肉眼不识神仙。"三人遂与诸歌女酣饮终日。

善易者不论易　体无者不言无

善易者不论易[1]，羲文无地安身[2]；体无者不言无，老庄何处着脚？瞿昙不遭棒死[3]，广长饶舌无休[4]。

今译　善于易理的人不谈论易，伏羲文王无地安身；
体验空无的人不谈论无，老聃庄周何处立足？
如果不将瞿昙用大棒打死，
他的广长舌就会喋喋不休！

注释　[1]"善易者"句：《荀子·大略》："善为诗者不说，善为易者不占。"易玄之又玄，不可以言说。
[2]羲文：伏羲、文王。八卦有先天八卦、后天八卦之说。相传先天八卦为伏羲所作，后天八卦为文王所作。

[3] 瞿（qú）昙：释迦牟尼本为净饭王之子，姓瞿昙。后以瞿昙为佛之代称。佛一出世，就一手指天，一手指地，周围走了七步，大声说："天上天下，唯我独尊！"《五灯会元》卷十五载，有人问云门文偃禅师这是什么意思，云门禅师说："可惜我当时不在场。我当时若在场的话，一棒打死给野狗吃，以图天下太平。"

[4] 广长：佛经中常以"三十二相"称誉佛陀化身的相好庄严，广长舌即其中之一。《大智度论》卷八说佛的舌头广而长，柔软细薄，伸出来可以覆盖整个面部甚至头发。广长舌是佛陀善于说法的象征。禅宗认为禅（第一义）是"不可说"的，说得越多就越是饶舌，离佛越来越远。

损之又损　忘无可忘

损之又损[1]，栽花种竹，尽交还乌有先生[2]；忘无可忘[3]，焚香煮茗，总不问白衣童子[4]。

今译　物质欲望要减少到最低限度，

每天栽花种竹培养生活情趣，

把一切烦恼都抛到九霄云外；

当消除了烦恼直至心无纤尘，

每天都在佛前焚香烹煮禅茶，

不用去念想送酒的白衣童子。

注释　[1] 损之又损：《易·系辞下》："损，德之修也。"《老
　　　子》："为学日益，为道日损。损之又损，以至于无
　　　为，无为而无不为。"意为从事于道，知识一天比
　　　一天减少。

　　[2] 乌有先生：虚拟的人名，即本无其人之意。

　　[3] 忘无可忘：《庄子·让王》："故养志者忘形，养形
　　　者忘利，致道者忘心矣。"

　　[4] 不问白衣童子：陶渊明曾于重阳赏菊。后来望见白
　　　衣人送酒而至，更无多话，大醉而归。不问意为不
　　　再关心送酒的是什么人，兴趣在茶不在酒。按：此
　　　则亦见于明洪应明《菜根谭》。

ও　曲士强生分合　至人不立异同

　与二氏作敌国，画水徒勤；引三教为一家，抟沙
自苦。曲士强生分合，至人不立异同。

今译　对道家佛家持敌对排挤的态度，

犹如抽刀割水想使水分开，枉费精力；

想让儒释道三教完全成为一家，

犹如以手握沙想使沙凝聚，自讨辛苦。

见解狭隘浅陋的人对三教强加分解与融合，

道德修养纯熟的人不拘泥于三教的异与同。

诗思霸桥上　野兴镜湖边

　　诗思在霸陵桥上，微吟就，林岫便已浩然[1]；野兴在镜湖曲边[2]，独往时，山川自相映发[3]。

今译　诗歌的情思在于霸陵桥上，诗兴刚发，

　　　　山林峰峦仿佛也感染诗意，一片洁白；

　　　　野逸的情趣在于镜湖曲边，独往之时，

　　　　清澈水面倒映着层层山峦，多么秀美。

注释　[1]"诗思"三句：《北梦琐言》记郑棨语："诗思在霸桥

　　　　　雪中驴子上。"《世说新语·言语》："道壹道人好整

　　　　　饰音辞，从都下还东山，经吴中，已而会雪下，未

　　　　　甚寒。诸道人问在道所经，壹公曰：'风霜固所不

　　　　　论，乃先集其惨澹；郊邑正自飘瞥，林岫便已

　　　　　浩然。'"

　　　　[2]镜湖：在浙江省绍兴会稽山北麓。

　　　　[3]"山川"句：《世说新语·言语》："王子敬云：'从

　　　　　山阴道上行，山川自相映发，使人应接不暇。'"

按：此则亦见于明洪应明《菜根谭》。

孝伯外并非名士　阿奴辈尽是佳儿

醺醺熟读《离骚》[1]，孝伯外敢曰并皆名士[2]；碌碌常承色笑[3]，阿奴辈果然尽是佳儿[4]。

今译　整日醉酒熟读楚辞以掩盖浅识，

王恭之外难道都可以称为名士？

平庸无为承颜欢笑以保全性命，

阿奴之辈果然都可以算作佳儿。

注释　[1] 醺醺：酣醉貌。

[2] 孝伯：晋王恭，字孝伯，为一时名士。《世说新语·任诞》："王孝伯言：'名士不必须奇才。但使常得无事，痛饮酒，熟读《离骚》，便可称名士。'"今人余嘉锡谓："《赏誉篇》云：'王恭有清辞简旨，而读书少。'此言不必须奇才，但读《离骚》，皆所以自饰其短也。……自恭有此说，而世之轻薄少年，略识之无，随庸风雅者，皆高自位置，纷纷自称名士。正使此辈车载斗量，亦复何益于天下哉？"（《世说新语笺疏》）

[3] 碌碌：平庸无能。

[4]"阿奴"句:《世说新语·识鉴》:"周伯仁母冬至举
　　酒赐三子曰:'……尔家有相,尔等并罗列吾前,
　　复何忧?'周嵩起,长跪而泣曰:'不如阿母言。伯
　　仁为人志大而才短,好乘人之弊,此非自全之道。
　　嵩性狼抗,亦不容于世。唯阿奴碌碌,当在阿母目
　　下耳。'"阿奴,嵩之弟周谟。

达士澄怀意表　文人寄兴篇端

　　月华淡荡[1],本自无形。风韵飘扬,何曾有质。
达士澄怀意表,斯为得之。文人寄兴篇端,亦云劳矣。
若乃娈童幼女[2],酒池糟丘[3]。吟风直作捕风,弄月
翻为捉月。

　　今译　　明月的光辉流动无定,本来没有形体;
　　　　　　　清风的韵律飘扬扬,何曾有过质地。
　　　　　　　达士在心灵中赏风玩月清静情怀,
　　　　　　　这才是有所收获;
　　　　　　　文人在篇章里吟风弄月寄托情兴,
　　　　　　　已经显出了辛苦。
　　　　　　　至如沉迷美男留恋幼女,
　　　　　　　建造酒池堆积糟丘,穷奢极欲,
　　　　　　　则是吟风反而成了捕风,

弄月反而成了捉月，大煞风景。

注释　[1] 淡荡：流动无定。
　　　[2] 娈童：旧时指被玩弄的美男。
　　　[3] 酒池：以酒为池。糟丘：积酿酒所余的糟滓堆积成
　　　　　山。相传桀为酒池糟丘。

有身俗累未遣　无己妄想不来

　　遣累辞家，而出家之累未免，信所患为吾有身[1]；断想除根，而无根之想倏来，转更忆至人无己[2]。

今译　摆脱尘世的牵累而出家，
　　　出家的牵累仍然不能避免，
　　　确实是因为有了我的身体而受牵累；
　　　为消除妄想而斩断尘根，
　　　没有尘根的妄想忽然来到，
　　　令人思念起修养纯熟的人泯灭自己。

注释　[1] 为吾有身：《老子》："吾所以有大患者，为吾有身。
　　　　　及吾无身，吾有何患？"
　　　[2] 至人无己：《庄子·逍遥游》："至人无己，神人无
　　　　　功，圣人无名。"

终日营营六根不倦　经年兀兀四大常安

趣在阿堵中[1]，终日营营而六根不倦；心在腔子里，经年兀兀而四大常安[2]。

今译　趣在钱财上，
　　　　终日忙忙碌碌而六根不倦是拿钱在换命；
　　　　心在腔子里，
　　　　整年勤勉不息而四大常安是有了定盘星。

注释　[1] 阿堵：这个、此处。《世说新语·文学》："殷中军见佛经云，理亦应阿堵上。"两晋的一些士族阶层人士自命清高，不屑谈钱，将钱称为"阿堵物"（这个东西）。时人王夷甫从不说"钱"，其妻故意将铜钱堆绕床前，夷甫晨起，呼婢"举却阿堵"（搬走这个东西），仍然没说出钱字。

　　　　[2] 兀兀：勤勉不止貌。四大：佛教认为地、水、火、风四者广大，能够产生出一切事物。佛经常以"四大"指四大和合成的人身。

与造物游者能造　与造命游者能造

与造物游者，能造造物而不物于物；与造命游者，能造造命而不命于命。

今译　和造物主一起翱游时，

能够创造事物而不被事物牵制；

与造命者一起翱游时，

能够创造命运而不受命运支配。

六十四卦皆逆数　三百五篇总无邪

六十四卦，无非逆数[1]，龙虎经颇能窥豹[2]；三百五篇，总曰无邪[3]，灵均氏差可续貂[4]。

今译　易经六十四卦，无非是推测之辞，

从汲取周易精髓的龙虎经中足以窥豹一斑；

诗经三百五篇，总言之纯正无邪，

屈原的作品差不多可以看作是对它的继承。

注释　[1] 逆数：逆而数之，犹言推测。《易·说卦》："数往者顺，知来者逆，是故《易》逆数也。"

[2] 龙虎经：道家论丹诀书。宋俞琰《席上腐谈》下引朱熹语："《龙虎经》乃檃括《参同契》而为之耳。"

[3] 无邪：《论语·为政》："诗三百，一言以蔽之，曰

思无邪。"

[4] 灵均：屈原之字。后引申为词章之士。

虚空当体粉碎　阴阳原自调和

虚空当体粉碎，明眼汉何劳再举俊拳；阴阳原自调和，赤心人不必更烦妙手。

> 今译　　虚空当体被打得粉碎，
>
> 　　　　明眼的参禅汉不必再挥起拳头；
>
> 　　　　阴阳原来就顺畅调和，
>
> 　　　　赤心的修道人不必再运用妙手。

识得周易旨　处世有玄机

乾三当不可变化之际[1]，故言君子而不言龙，日乾夕惕，犹妨触处危机；坤卦合顺天时行之宜[2]，故象牝马而复象牛，引重致远，足了自家职业。

> 今译　　乾卦九三爻指事物发展到了不能变化的阶段，
>
> 　　　　所以说君子而不说龙，

整日自强不息晚上也不敢有丝毫的懈怠，

还要提防到处潜伏的危机；

坤卦象征着大地顺从地遵循天道运行的法则，

所以它既像马又像牛，

能够背负起沉重的担子行走很远的路程，

足以完成自己的本份大事。

注释　[1] 乾三：《易·乾》：“九三，君子终日乾乾，夕惕若厉，无咎。”此前的二爻为："初九，潜龙勿用。""九二，见龙在田。"

　　　[2] 坤卦：《易·坤》："坤：元，亨，利牝马之贞。"《彖》曰："至哉坤元，万物资生，用顺承天。"《说卦传》："《乾》为马，《坤》为牛。"

游鱼鼓琴出听　顽石闻法点头

游鱼不解五音，鼓琴出听[1]；顽石未深四谛，闻法点头[2]。偶然而不必尽然，可信而无须深信。

今译　游鱼不知道音律，听到琴声出来聆听；

顽石不了解佛理，听到说法点头赞许。

这些事情偶然有而并非绝对有，

因此可以相信但也没必要深信。

注释　[1]"游鱼"二句：据《列子》，瓠巴鼓琴而鸟舞鱼跃。
　　　[2]"顽石"二句：传说生公说法，顽石点头。四谛：佛
　　　　　教以"苦集灭道"为四谛，为佛教的重要义理。

微言绝于人亡　绝技成于力到

微言绝于人亡，观者不知作者之意；绝技成于力
到，巧者无过习者之门。

今译　深微的言辞因作者已故而不明，
　　　看书的人不一定理解写书的人；
　　　绝顶的技术因不懈努力而获得，
　　　聪明的人难超过不断练习的人。

心声者酷似其貌　貌言者无关于心

心声者酷似其貌，貌言者无关于心。故分果车
中[1]，毕竟借他人面孔。捉刀床侧[2]，终须露自己
精神。

今译　心灵非常像人的容貌，容貌无关于人的心灵。

即使在车中分到甜果，毕竟假借别人的面孔；
即使在床侧捉刀而立，终须显露自己的精神。

注释　[1] 分果：《晋书·潘岳传》："岳美姿仪……少时常挟
　　　　弹出洛阳道，妇人遇之者，皆连手萦绕，投之以
　　　　果，遂满车而归。"左思仿效潘岳出行，希望引来
　　　　艳遇，结果妇人们都朝他唾口水，他只好狼狈
　　　　而归。
　　　[2] 捉刀：《世说新语·容止》载，曹操会见匈奴使者，
　　　　觉得自己相貌不佳，让崔琰装扮成自己，而自己则
　　　　捉刀立于床侧。会见结束后，让人问使者，使者
　　　　说：床头捉刀的人，才是真正的英雄。

七处观心　三途勘命

执七处非心[1]，舍七处无心，问世尊如何发付？
沉三途是苦[2]，厌三途亦苦，听吾侪各自营生！

今译　拘泥于七处不是心，抛弃开七处就没有心，
　　　　请问佛祖到底想点明心究竟在哪里？
　　　　沉迷红尘固然是苦，厌弃世间也仍然是苦，
　　　　请让我们把握好分寸好好安排人生。

注释　[1] 七处非心:《楞严》的妙义，在于七处征心。楞严
会上，佛征问阿难心在什么地方，阿难先后以心在
内、心在身内、心在身外、心潜伏在眼根里、心在
根尘中间等七处来回答，均为佛所驳斥。到最后，
竟不知心到底在什么地方。七处征心的要义在于破
除阿难的妄想攀缘之心，使他的妄心无所依止，以
显示此心遍一切处，无在无不在。佛讲这七处都不
是心，佛的意思是以自己为本心，向外面扩展，扩
大到整个虚空，都是人心里头的东西。换句话说，
内外七处都是心。但内外七处都是心的用，而不是
心的本体。

　　　[2] 三途:即地狱、饿鬼、畜生三恶趣。这里指红尘、
世间。

心性明镜止水　品格泰山乔岳

　　过去心不可得，现在心不可得，未来心不可得[1]，
此之谓明镜止水；富贵不能淫，贫贱不能移，威武不
能屈[2]，此之谓泰山乔岳。以正治国，以奇用兵，以
无事取天下[3]，此之谓青天白日；老者安之，朋友信
之，少者怀之[4]，此之谓霁月光风。

　　今译　过去的心不可得到，现在的心不可得到，

未来的心不可得到，这就是明镜止水的心境；

富贵不能放纵淫乐，贫贱不能改变气节，

威武不能使他屈服，这就是泰山乔岳的人格。

用公正的原则治国，用出奇的手段用兵，

用无为之法治天下，这就是青天白日的胸怀；

使老年能得到安养，使朋友们信任于我，

使年轻人感我恩惠，这就是霁月光风的品性。

注释　　[1]"过去"三句：语出《金刚经》。

　　　　[2]"富贵"三句：语出《孟子·滕文公下》。

　　　　[3]"以正"三句：语出《老子》。

　　　　[4]"老者"三句：语出《论语·公冶长》。

与其身心两地奔波　不如手足一齐顺适

　　身在江湖，心悬魏阙[1]，身心两地奔波；手探月窟[2]，足蹑天根[3]，手足一齐顺适。

今译　　身体隐逸在江湖，心灵纠缠在官场，

　　　　身与心两地奔波；手探九宵的明月，

　　　　足踩无垠的大地，手与足一齐顺适。

注释　　[1]"身在"二句：《庄子·让王》："身在江海之上，心

居乎魏阙之下。"魏阙，古代宫门外的阙门，后来
用作朝廷的代称。

[2] 月窟：月中。

[3] 天根：《物理论》："地者，天之根也。"宋邵雍《击
壤集》卷十六《观物吟》："天根月窟闲来往，三
十六宫都是春。"

浮云一任卷舒　虚空不曾朽坏

住世厌世，与浮云同一卷舒，稳把无根之柂；前
劫后劫，看虚空何曾朽坏，常悬不夜之灯。

> **今译**　住在尘世超越尘世，心灵像浮云一样随风卷舒，
> 稳稳地把握住飘浮不定的船柂；
> 前劫过去后劫到来，佛性像虚空一样何曾朽坏，
> 永恒地燃烧起烛破长夜的心灯。

捐百虑定中生慧　破万卷下笔有神

捐百虑而定中生慧，纵齐寒山拾得之肩[1]，酷无
裁制；破万卷而下笔有神，即接拾遗供奉之武[2]，终

鲜性灵[3]。

　　今译　　勉强地抛弃各种私心杂念，

　　　　　　　而想在禅定之中生出智慧，

　　　　　　　纵然与寒山拾得并驾齐驱，

　　　　　　　也丝毫不会有出世的气度；

　　　　　　　只知道读遍万卷圣贤诗书，

　　　　　　　创作之时如有鬼神相辅助，

　　　　　　　即使与李白杜甫不相上下，

　　　　　　　也仍然是缺乏鲜活的性灵。

　　注释　　[1]寒山拾得：佛教史上著名诗僧。唐代天台山国清寺

　　　　　　　　　隐僧寒山与拾得，行迹怪诞，言语非常。

　　　　　　　[2]拾遗供奉：杜甫曾任左拾遗，李白曾任翰林供奉。

　　　　　　　[3]性灵：性情，泛指精神生活。

　　静处炼气动处炼神　内药了性外药了命

　　静处炼气，动处炼神。炼就时，动静何曾有实；内药了性，外药了命[1]，了却后，内外尽是强名。

　　今译　　静止之时炼气，运动之时炼神。

　　　　　　　炼成之后，动静何曾有根本区别？

内丹之药了性，外丹之药了命。

了悟之后，内外都是勉强的名称。

注释　　[1] 内药、外药：内丹外丹之药材。道家认为内药出于

心肾，人人皆有之。隋末唐初道士苏玄朗《龙虎金

液还丹通元论》，归神丹于心炼："天地久长，圣人

象之。精华在乎日月，进退运乎水火。是故性命双

修，内外一道，龙虎宝鼎即身心也。"自苏玄朗宣

传内丹后，道徒始知内丹。

在天成象　　在地成形

在天成象[1]，而丽天者，无形非象。在地成形，
而丽地者，无象非形。若不信拔宅升天，请试看殒星
为石。

今译　　道在天上体现为日月星辰晦明圆缺等天象，

而附属于苍天的，所有形体都显化为天象；

道在地上显现为山川河岳动物植物等形态，

而附属于大地的，所有天象都表现为物形。

如不信拔宅升上九天，请试看殒星坠为石。

注释　　[1] 在天成象：《易·系辞传》上："在天成象，在地成

形，变化见矣。"

🌀 天际真人　山中宰相

凤羽来仪[1]，而不可为仪，千载作天际真人之想[2]；龙性难驯，而似乎易驯，一时传山中宰相之称[3]。

今译　凤凰可来仪，而又不可为仪，
　　　　千载令人作天上神仙的思念；
　　　　龙性难以驯，而似乎容易驯，
　　　　一时朝野有山中宰相的雅称。

注释　[1] 凤羽来仪：古时以凤凰来仪为祥瑞之应。
　　　　[2] 天际真人：天上神仙。《世说新语·容止》："桓（温）大司马曰：'诸君莫轻道，仁祖（谢尚）企脚北窗下弹琵琶，故自有天际真人之想。'"
　　　　[3] 山中宰相：南朝梁陶弘景隐居句曲山，武帝时礼聘不出，每有大事，辄就咨询，时称山中宰相。见《南史·陶弘景传》。

犬吠茅檐云中世　鹊噪竹窗静里天

　　茅檐外，忽闻犬吠鸡鸣，恍似云中世界；竹窗下，惟有蝉吟鹊噪，方知静里乾坤。

　　　　今译　　茅屋外面，偶尔传来几声犬吠鸡鸣，

　　　　　　　　让人体味到了远离尘世的高远情怀；

　　　　　　　　竹窗前头，只有一声声的蝉鸣鹊唱，

　　　　　　　　令人感觉到了清凉闲暇的宁静意味。

兴到忻然往　歌残倏尔旋

　　杏花疏雨，杨柳轻风，兴到忻然独往；村落浮烟，沙汀印月，歌残倏尔言旋。[1]

　　　　今译　　稀疏的春雨沾润着杏花，轻柔的春风吹拂着杨柳，

　　　　　　　　兴致来到时高兴地独往观赏；

　　　　　　　　淡淡的暮霭笼罩着村落，皎洁的月色映照在沙汀，

　　　　　　　　歌唱尽兴后很快地准备回去。

　　　　注释　　[1] 按：此则之意趣，得益于《论语·先进》："莫春

者，春服既成。冠者五六人，童子六七人，浴乎
沂，风乎舞雩，咏而归。"

空不碍物物不碍空　无心于事无事于心

空不碍物，物不碍空，五浊恶[1]，总是菩提；无
心于事，无事于心，四威仪[2]，浑皆般若[3]。

今译　空性不妨碍万象，万象不妨碍空性，
　　　　尘世的种种秽恶，都可证菩提大道；
　　　　万事不扰乱禅心，禅心不挂烦万事，
　　　　修行的种种仪则，全彰显智慧佛光。

注释　[1] 五浊：佛教称人世为五浊恶世。《法华经·方便
　　　　品》："诸佛出于五浊恶世，所谓劫浊、烦恼浊、
　　　　众生浊、见浊、命浊。"
　　　　[2] 四威仪：行住坐卧之四种仪则，亦即日常之起居动
　　　　作须谨慎，禁放逸与懈怠，以保持严肃与庄重。佛
　　　　教中之三千威仪，皆不出行住坐卧四者，即行如
　　　　风、坐如钟、立如松、卧如弓之四威仪，最为
　　　　重要。
　　　　[3] 般若（bō rě）：佛教语。意译为"智慧"。指如实
　　　　理解一切事物的智慧。

真才才而不鬼　大仙仙而不顽

　　修命而性宗弗彻，止作顽仙[1]；修性而命宝不完，终为才鬼。故真才才而不鬼，大仙仙而不顽。

今译　追求长寿而不修养心性，只不过成为愚顽的神仙；
　　　修养心性而不能够长寿，只不过成为短命的才鬼。
　　　所以真才才气横溢而健康长寿，
　　　所以大仙神通广大而聪颖通达。

注释　[1] 顽仙：愚顽的神仙。指初得仙道者。南朝梁陶弘景《与梁武帝论书又启》："每以为得作才鬼，亦当胜于顽仙。"

鬼神手眼俱无　至人情意都泯

　　鬼神手眼俱无，故能握造化之机关，而指视即为祸福；至人情意都泯，故能识鬼神之情状，而呼吸尽是风霆。

今译　鬼神没有手眼，所以能掌握造化机关，
　　　而挥手眨眼间就可以给人类带来祸福；

至人泯灭情意，所以能识破鬼神情状，

而呼气吸气时都宛然挟带着暴风震霆！

过如日月之食　复见天地之心

　　过也如日月之食[1]，年年两炬慧灯[2]；复其见天地之心[3]，夜夜三杯玄酒[4]。

今译　君子纵有过失，也像日食与月食般容易为人所见，

年年高悬两盏智慧之灯；

复归乃是体现了天地生生不息生养万物的意志，

夜夜啜饮三杯淡薄之酒。

注释　[1]"过也"句：《论语·子张》："君子之过也，如日月
之食焉。过也，人皆见之；更也，人皆仰之。"

[2]慧灯：佛教语。慧炬，无幽不照的智慧。

[3]"复其"句：《易·复》："复，其见天地之心乎?"
《复》象征着复归。

[4]玄酒：上古祭祀用水。后引申为薄酒。

浑沌凿破终须补　人我移来须移去

浑沌窍，儵忽一朝凿破，还须令儵忽补完[1]；人我山[2]，众生蓦地移来，且着落众生伐去。

今译　是非未分的浑沌元气，

被无端生事的儵忽一朝破坏，

还须让儵忽补好以恢复浑朴的元气；

执我为有的妄念如山，

被浑浑噩噩的世人忽然移来，

还须令众生伐去以活出自在的人生。

注释　[1]"浑沌窍"三句:《庄子·应帝王》:"南海之帝为儵，北海之帝为忽，中央之帝为浑沌。儵与忽时相与遇于浑沌之地，浑沌待之甚善。儵与忽谋报浑沌之德，曰:'人皆有七窍，以视、听、食、息，此独无有，尝试凿之。'日凿一窍，七日而浑沌死。"儵(shū)忽，南海之神为儵，北海之神为忽。

[2]人我:即我执，即世俗之人对于"我"的执着。

盗小盗成大盗　贼内贼防外贼

小盗者大盗之资，故盗小盗成大盗，而后三盗既宜[1]；内贼者外贼之因[2]，故贼内贼防外贼，而后六贼不起。

今译　万物以及人类，是天地赖以发展的资本，
所以从万物与人类取得补益就成为天地，
然后天地万物人类就能各自适应其本性；
情欲意识内贼，是耳目见闻外贼的根源，
所以泯灭情欲意识就可以杜绝耳目见闻，
然后内在的欲望和外在的诱惑不复生起。

注释　[1] 三盗：道家对天地、万物与人之间依存关系的一种认识。《阴符经》：“天地，万物之盗。万物，人之盗。人，万物之盗也。三盗既宜，三才既安。”意指万物从大自然取得补养，万物与人又互相取补。

[2] 内贼、外贼：《菜根谭》：“耳目见闻为外贼，情欲意识为内贼。”六根贪欲，逐境务得，故为内贼。六贼，指六尘，六种被感觉的境界：色尘、声尘、香尘、味尘、触尘、法尘。意为色声等尘境，常趁无明黑暗，劫掠众生中的善法。

柳絮不沾泥　机轮不辗地

挥如意滚滚天花乱坠，絮不沾泥[1]；据蒲鞯轧轧

河车逆行[2]，轮不展地。

今译　　挥动着如意，说得天花滚滚飘落，

禅心如柳絮般飘逸不会沾上泥土；

稳坐在蒲席，听到精气轧轧运行，

意念如车轮般圆转不会贴着地面。

注释　　[1] 絮不沾泥：宋道潜《口占绝句》："禅心已作沾泥
絮，不逐春风上下狂。"

[2] 蒲鞯、河车：一般炼丹书把内丹分为四个步骤，第
一步是筑基，即祛病补亏，使精气神"三全"，打
好炼丹的基础。补亏的方法就是以神运气，用意念
调动精气沿任督二脉上下运行，先是自会阴、尾闾
起，沿脊椎上行，上达泥丸，然后再沿任脉下行，
降入下丹田。这样上下反复运转，称为转河车。宋
翁葆光《紫阳真人悟真篇注疏序》说，运以阴阳之
真气，养育精气，化成金液之质，走河车，降入口
中，名金液还丹。咽到下丹田结成圣胎，十月始
圆，化为纯阳之躯。

本体即是工夫　　工夫即是本体

在太极之先而不为高，在六极之下而不为深，长

于上古而不为老^[1]，本体即是工夫；大泽焚而不能热，河汉冱而不能寒，疾雷破山烈风振海而不能惊^[2]，工夫即是本体。

今译　在最高极限的前面却并不能算高，
在最低极限的下面却并不能算深，
比上古年纪还要老却并不能算老，
本体显现着功夫。
巨大草泽燃烧起来而不能使他酷热，
黄河汉水冻结成冰而不能使他寒冷，
疾雷破山烈风振海而不能使他受惊，
功夫彰显出本体。

注释　[1]"在太极"三句：《庄子·大宗师》："夫道……可传而不可受，可得而不可见……在太极之先而不为高，在六极之下而不为深，先天地生而不为久，长于上古而不为老。"六极：天地四方、上下的极限。
[2]"大泽焚"三句：《庄子·齐物论》："至人神矣，大泽焚而不能热，河汉冱而不能寒，疾雷破山飘风振海而不能惊。"

虚而实者天　实而虚者地

虚而实者天乎，故以实投地之虚，而往来不息；

实而虚者地乎，故以虚受天之实，而生化无端；阳而
阴者日乎，故能独照而不能纳形；阴而阳者月乎，故
能纳形而不能独照。

今译　　空虚而充实的是天，所以说将充实的苍天，
　　　　投置到虚无的大地，而寒暑往来从不停止；
　　　　充实而空虚的是地，所以说用空虚的大地，
　　　　来承受充实的苍天，而生生不息变化无端。
　　　　阳刚而阴柔的是日，所以能够独立地照射，
　　　　却难容纳万物影像；阴柔而阳刚的是月亮，
　　　　所以接收万物影像，却不能够独立地照射。

五夜清霜消生意　　三春丽日见杀机

　　五夜清霜收拾尽，许多生意；三春丽日放开来，
无限杀机。

今译　　五夜清霜扼杀了多少生命之气，
　　　　三春丽日绽放着无限萧杀之机。

鸿宝一编风霜句　竹实数斛鸾凤音

枕中鸿宝一编[1]，应自有风霜之句[2]；室中竹实数斛[3]，定知作鸾凤之音。

今译　枕中道经一编，

他的文章一定会挟着风霜般的峻厉之气；

室中竹实数斛，

他的啸咏一定能发出鸾凤般的清越之音。

注释　[1] 鸿宝：道经，道教修仙炼丹之书。《汉书·刘向传》："上复兴神仙方术之事，而淮南有《枕中鸿宝苑秘书》，书言神仙使鬼物为金之术。"

[2] 风霜：喻峻厉之气。《西京杂记》卷三："淮南王安著《鸿烈》二十一篇，自云'字中皆挟风霜。'"

[3] 竹实：竹子所结的实，状如小麦。相传凤凰食竹实。《世说新语·栖逸》："阮步兵（籍）啸闻数百步"注引《魏氏春秋》："尝游苏门山，有隐者莫知姓名，有竹实数斛杵臼而已。"

女殆其然哉　吾无隐乎尔

洞庭野惊奏咸池大乐，女殆其然哉[1]；木樨花散作满院秋香，吾无隐乎尔[2]。

今译　　洞庭湖畔，惊奇地听到黄帝演奏出如此美妙的音乐，
　　　　获得了黄帝的赞许：
　　　　"你对音乐的体验大体差不多"；
　　　　漫步院里，欣喜地嗅到木樨散发出如此清幽的香气，
　　　　获得了禅师的认可：
　　　　"我对你并没有隐藏禅的妙义！"

注释　　[1]"洞庭"二句：《庄子·天运》："北门成问于黄帝
　　　　　　曰：'帝张咸池之乐于洞庭之野。吾始闻之惧，复
　　　　　　闻之怠，卒闻之而惑，荡荡默默，乃不自得。'帝
　　　　　　曰：'汝殆其然哉！……'"
　　　　[2]"木樨花"二句：《五灯会元》载，黄庭坚和晦堂散
　　　　　　步时，晦堂一言不发，忽然一阵清幽的木樨香飘
　　　　　　过，晦堂遂问："你闻到木樨香了么？"黄庭坚说：
　　　　　　"闻到了。"晦堂借用孔子的话，意味深长地说：
　　　　　　"你不是一直向我请教禅的奥义么？那么现在，'我
　　　　　　对你没有什么隐瞒了。'"黄庭坚听罢，顿时了悟。

因天时兴地利　损有余补不足

因天时兴地利，是农圃之参赞[1]；损有余补不

足^[2]，即商贾之裁成^[3]。倘其日用而知^[4]，其去圣人岂远。

今译　顺应大自然的时令播种庄稼获得利益，
是种庄稼人对自然的参与和调节；
将多余的物品运到缺少的地方去出售，
是做生意人对商道的筹谋与成就。
如果平时能自觉运用这些道理，
他们距离圣人的修养就不远了。

注释　[1] 参赞：《中庸》说"参赞化育"，指人于天地自然间
的参与和调节作用。

[2] 损有余补不足：《老子》："天之道，损有余而补
不足。"

[3] 裁成：筹谋而成就之。《易·泰》："天地交泰，后以
财成天地之道。"《汉书·律志上》引作"裁成"。

[4] 日用而知：《易·系辞传》："百姓日用而不知，故
君子之道鲜矣。"意为老百姓日常遵循"道"却不
知其然，因此君子所讲的"道"的全部含义就很少
有人懂得了。

❧　有心为尘迹　无心为真纯

感有心，而咸则无心之感也^[1]；诚有言，而咸则

无言之诚也；悦有心，而兑则无心之悦也[2]；说有言，而兑则无言之说也。盖举意举口，即属后天。可议可思，直为尘迹。

今译 "感"有心，而"咸"则是无心的感应；
"诚"有言，而"咸"则是无言的协和；
"悦"有心，而"兑"则是无心的喜悦；
"说"有言，而"兑"则是无言的游说。
一涉及到心意口舌，就成了后天的人为；
一旦可以议论思考，就落于粗浅的形迹。

注释 [1] 咸：《易·咸》："咸，亨，利贞，取女吉。"咸卦象
征感应：亨通顺利，有利于坚守正道。本卦《彖》
释咸之义曰："天地感而万物化生，圣人感人心而
天下和平，观其所感，而天地万物之情可见矣。"
[2] 兑：《易·兑》："兑，亨，利贞。"《彖》："兑，
说也。"

转亢龙为元首　罢野战为永贞

上九上六者[1]，老阴老阳之极数[2]；用九用六者[3]，返老为少之神功。故能转亢龙而为元首[4]，罢野战而为永贞[5]。

今译　上九上六，

　　　　分别是纯阳纯阴符号重叠而成的乾卦坤卦的极数；

　　　　用九用六，

　　　　显示了将发展到极点的阴阳转向少阴少阳的神功。

　　　　所以用九能够将上九的"亢龙有悔"，

　　　　转变为"群龙无首"；

　　　　所以用六能够将上六的"龙战于野"，

　　　　转变为"利于永贞"。

注释　[1] 上九上六：易有六十四卦，每卦有六爻。由下而上，分为六分爻位，称初、二、三、四、五、上。如该爻是阳爻，则在该爻数字前加上"九"，如该爻是阴爻，则在该爻数字前加上"六"。

　　　　[2] 老阴老阳：由阴阳两个符号自身重叠便形成老阳和老阴。而如果它们交相重叠，便形成少阳和少阴。

　　　　[3] 用九用六：《乾卦》在上九之后多一条用九，《坤卦》在上六之后多一条用六。

　　　　[4] 亢龙、元首：《易·乾》："上九，亢龙有悔。"（上九，龙飞到了过高的地方，必然会后悔。）"用九，见群龙无首，吉。"（用九，出现群龙谁也不愿为首的现象，是很吉利的。阳盛到了极点就会向阴转化。）

　　　　[5] 野战、永贞：《易·坤》："上六，龙战于野，其血玄黄。"（上六，阴气极盛，与阳气相战于郊外，天地混杂，乾坤莫辨，后果是不堪设想的。）"用

六，利永贞。"（用六这一爻，利于永远保持中正。阴盛到了极点就会向阳转化。）

天仙才子数庄周　才子天仙推李白

天仙才子，万古庄周。才子天仙，千秋李白。风流放诞，苏子瞻艺海英英。放诞风流，王实甫词林楚楚。

> 今译　仙人中的才子，万古应推庄周；
> 　　　才子中的仙人，千秋唯有李白。
> 　　　气质风流而性格放诞，苏东坡在艺海风华正茂；
> 　　　性格放诞而气质风流，王实甫在词林占尽风光。

草莽臣早输国课　烟霞主日远俗情

为市井草莽之臣，蚤输国课；作泉石烟霞之主，日远俗情。

> 今译　作市井在野的臣子，早早完成国家的税收；
> 　　　作泉石烟霞的主人，天天远离尘世的烦扰。

既修而悟　既悟而修

既修而悟，悟也豁焉。既悟而修，修也安焉。大修大证，悟在其中矣。大彻大悟，修在其中矣。

今译　修行之后而开悟，就会开悟得彻底；

开悟之后而修行，就会修行得安心。

开悟在真正的修行体证里面，

修行在真正的透彻开悟之中。

喜悦快乐不愠　体证境界不同

悦者独修独证之真机乎，乐者共修共证之真趣乎，不愠者常悦常乐之真境乎。

今译　喜悦是独自修行独自证悟的真正契机，

快乐是共同修行共同证悟的真正乐趣，

不恼怒是长期地喜悦快乐的真正境界。

性体如如妖魔绝　鼻端栩栩鄙吝销 ～

性体如如[1]，上无覆，下无基，在在妖魔屏绝；
鼻端栩栩[2]，水不寒，火不热，人人鄙吝销融。

今译　心性的本体真实不变，

上面没有遮覆，下面没有边际，

所有的私心杂念都会荡除干净；

脸上的神色轻松自在，

逆境不会沮丧，顺境不会自满，

人人的计较之心都会销散融解。

注释　[1] 性体如如：佛教认为一切法平等不二，离开思量分
别，称为"如如"。一经思量分别，就陷入了"有
无"等执见之中，"如如"也就不复存在了。《五
灯会元》卷二玄策禅师传："夫妙湛圆寂，体用如
如。五阴本空，六尘非有。"

[2] 鼻端栩栩：《庄子·田子方》载，孙叔敖三次当上
楚国的宰相而不以为荣，三次辞去楚国的宰相而不
以为忧，"鼻间栩栩然"，脸上表现出轻松的神色。

充口腹无羡大烹　庇风雨自安小筑

膳于是，粥于是，充口腹无羡大烹；寒不出，暑不出，庇风雨自安小筑[1]。

今译　在这个地方吃稠粥，在这个地方喝稀饭，
填饱肚子何必羡慕烹制精美的食品？
天冷时用不着出去，天热也用不着出去，
遮风避雨有这小小的房子就已足够！

注释　[1] 小筑：环境幽静的小建筑物。

喜人善饮酒中奇趣　忌人能诗词客对头

不善饮而喜人善饮，苏长公深得酒仙三昧[1]；虽得诗而忌人能诗，隋炀帝徒为词客修罗[2]。

今译　虽然不善饮酒却喜欢看着别人善饮，
苏东坡深得酒中真谛；
虽然能够写诗却忌讳别人诗写得好，
隋炀帝徒为诗人对头。

注释　[1] 苏长公：宋苏轼在兄弟中排行第二，但世人习惯上
　　　　　称苏轼为苏长公。

　　　[2] 修罗：阿修罗，古印度神话中恶神名。《隋唐嘉话》
　　　　　卷上："（隋炀）帝为《燕歌行》，文士皆属和。著
　　　　　作郎王胄独不下帝，帝每衔之，胄竟坐此见害，而
　　　　　诵其警句曰：'庭草无人随意绿。'"

感应有逾桴鼓　轮回不爽毫芒

　　阳为不善者，不必尽罹官刑，感应有逾桴鼓；阴
为不善者，不独尽归冥府，轮回不爽毫芒。

今译　公开作恶的，即使不一定被绳之以法，
　　　　所遭到的报应会像鼓槌与鼓那样相应；
　　　　暗中作恶的，不仅仅会坠入地狱受苦，
　　　　而且将转生为恶道也不会有丝毫差失。

玄宗有寓言　儒风多慧日

　　炼五石，断鳌足，聚芦灰[1]，本玄宗之寓言[2]；

辨商羊[3]，识萍实[4]，契坟羊[5]，乃儒风之慧日[6]。

今译　炼就奇石，斩断鳌足，聚集芦灰，

本是神话里的寓言故事；

辨别商羊，识别萍实，考证土怪，

显现了儒家智慧的光芒。

注释　[1]“炼五石”三句：据《淮南子·览冥训》，女娲“炼
　　　　五色石以补苍天，断鳌足以立四极，杀黑龙以济冀
　　　　州，积芦灰以止淫水”。

[2] 玄宗：指宗教的玄理，此指玄妙的神话故事。

[3] 商羊：传说中的鸟名。据《说苑·辨物》，齐侯见
　　此鸟屈一足而舞，询问孔子，孔子告诉他说这种鸟
　　叫商羊，大雨前常屈一足而舞，以告知百姓赶快疏
　　通好沟渠。

[4] 萍实：萍蓬草的果实。据《说苑·辨物》，楚昭王
　　渡江，有物大如斗，直触其舟。昭王问孔子，孔子
　　说：这是萍实，可以剖开来吃，只有能成就霸业的
　　人才能获得它。

[5] 坟羊：土怪。据《国语·鲁语下》，孔子曾辨识之。

[6] 慧日：佛教语，谓佛之智慧，有如太阳普照世间。

秋在清凉台上　春生安乐窝中

热不可除而热恼可除，秋在清凉台上；穷不可遣而穷愁可遣，春生安乐窝中[1]。

今译　　热不可消除，而由热引起的烦恼可以消除，
　　　　秋凉之气在清凉台上；
　　　　贫不可摆脱，而由穷生起的愁闷可以摆脱，
　　　　舒畅之气在安乐窝中。

注释　　[1] 安乐窝：宋邵雍自号安乐先生，称其住宅为安乐
　　　　　窝。后也泛指舒适安静的住处。宋戴复古《访赵
　　　　　东野》：“四山便是清凉国，一室可为安乐窝。”

持心以养气　养气以持心

不淫不屈不移，持心所以养气；勿正勿忘勿助[1]，养气亦以持心。

今译　　修养心性时，
　　　　富贵不能淫，威武不能屈，贫贱不能移，
　　　　持心可以用来养气。

　　处理事情时，

　　既不必预期，也不要忘却，也不要挂念，

　　养气也可用来持心。

注释　　[1] 勿正勿忘勿助：《孟子·公孙丑上》：“必有事焉，
　　　　　　而勿正，心勿忘，勿助长也。”助长，即《孟子》
　　　　　　本章下文所说的揠苗助长。

　　　　　拥万卷列百城　结双趺空万有

　　竹几当窗[1]，拥万卷，列百城，南面王不与易此；
蒲团藉地，结双趺[2]，空万有，西方圣立证于兹。

今译　　竹几放在窗前，拥万卷图书，

　　　　哪怕是有了管理百座城池的威风

　　　　甚至做南面王也不愿替换这种情景；

　　　　蒲团铺在地上，盘双足坐禅，

　　　　心中空掉一切虚妄不实的妄有，

　　　　修行成为西天佛祖当下印验在这里。

注释　　[1] 竹几：古消暑之具。编青竹为长笼，或取整段竹中
　　　　　　间通空，四周开洞以通风，暑时置床席间。
　　　　[2] 双趺：两足。

白云森天外　明月满楼中

白云森天外，美人正自可思；明月满楼中，老子兴复不浅[1]。

今译　白云飘浮在天外，知心的朋友令人思念；
　　　明月洒满了楼中，高人的雅兴实在不浅！

注释　[1]"明月"二句：晋庾亮尝为江荆豫州刺史，治武昌，曾与僚吏殷浩王胡之等登南楼赏月，先到诸人欲回避，庾亮说："诸君少住，老子于此，兴复不浅。"遂谈咏竟夕。

杜甫大海回波　王维澄潭浸月

杜少陵大海回波，无妨污垢；王摩诘澄潭浸月，妙在渊渟[1]。

今译　杜甫的诗如大海的回波，不妨挟带些泥沙污垢；
　　　王维的诗如寒潭的月色，妙处正在于空明宁静。

注释　[1]渊渟（tíng）：如渊之深静不流动。

抗主谁能如四皓　镇定何人比谢安

绮里辈或疑伪设[1]，乃抗言于轻士善骂之主，谁能则之？太傅公即自矫情[2]，而咏讽于伏甲觊宾之席[3]，不可及也。

今译　有人怀疑绮里季等人是虚构的，

因他们敢于在轻士而好骂的刘邦面前高声直言，

有谁能效法他们？

即使谢安多少有点矫情的成分，

但他敢在埋伏甲士杀机四伏的宴席上谈笑自若，

一般人岂可企及？

注释　[1] 绮里辈：指汉初商山的四个隐士，名东园公、绮里季、夏黄公、甪里先生先生。高祖召，不应。后吕后用张良计，迎四人，辅太子。刘邦见太子身边有此四人，大惊，问为什么自己召不来他们，而太子却能召来他们，四人回答说："陛下轻士善骂，臣等义不受辱，故恐而亡匿。窃闻太子为人仁孝，恭敬爱士，天下莫不延颈欲为太子死者，故臣等来耳。"刘邦遂不再有废太子的想法。事见《史记·留侯世家》。

[2] 太傅公：谢安。晋简文帝崩，桓温欲取代晋室，大陈兵卫，让人召来谢安，准备在席上加害于他。谢

安从容就席，坐定后，问桓温："为什么壁后藏着
军士呢?"桓温钦佩他的胆识，篡晋的阴谋终于破
灭。矫情:谢安在肥水之战中，与侄谢玄下棋，看
到捷报时，丝毫不动神色，继续下棋。棋散后回到
内室，高兴得把屐齿都折断了。所以《晋书》说:
"其矫情镇物如此。"谢安死后赠太傅，世称谢
太傅。

[3] 贶（kuàng）:赐与，加惠。

烟霞五色足资粮　花鸟四时供啸咏

　　湖海上浮家泛宅，烟霞五色足资粮；乾坤内狂客
逸人，花鸟四时供啸咏。

今译　把湖海上飘浮的舟船当作家，

　　　多彩的烟霞足当本钱与粮食；

　　　在天地间作个狂傲客高逸人，

　　　四季的花鸟都是啸咏的材料。

高以下为基　浊者清之路

良农擅百亩之饶，首资粪壤；达士竟半生之业，先聚法财[1]。故高以下为基，浊者清之路。

今译　擅长耕种的人享有百亩的收获，
首先要依靠的乃是肥沃的粪土；
通达生命的人建立半生的功业，
首先要积聚的乃是精神的财富。
所以高以下为基础，污浊是清明的途径。

注释　[1] 法财：为世财之对称。即指佛法、教说等。精神之教法能滋润众生，为众生长养慧命之资粮，犹如世间之财宝，故喻称为法财。

万物出入于机　众人生死于利

万物出于机，入于机[1]；众人生于利，死于利。

今译　万物由造化而出，也由造化而亡；
众人因利益而生，也因利益而死。

注释　　[1]"万物"二句:《庄子·至乐》:"万物出于机,入于
机。"《疏》:"机者,发动,所谓造化也。"机指万
物变化之所由。

善理财者　如运水火

善理财者如运水火焉。身在水火之外,斯收既济
之功[1];身在水火之中,则有焚溺之患。

今译　　善于理财的人如同运用水火:

置身于水火之外,才能运用自如大功告成;

置身于水火之中,就有被焚烧淹溺的灾祸。

注释　　[1]既济:《易》卦名,离下坎上。象征万事皆济。

图书在版编目(CIP)数据

围炉夜话／(清)王永彬著；吴言生译注. 偶谭／
(明)李鼎著；吴言生译注.—上海：上海古籍出版社，
2016.8(2023.11重印)
(禅境丛书)
ISBN 978-7-5325-8143-6

Ⅰ.①围… ②偶… Ⅱ.①王… ②李… ③吴… Ⅲ.
①个人—修养—中国—清代②笔记小说—中国—明代
Ⅳ.①B825②I242.1

中国版本图书馆 CIP 数据核字(2016)第 139996 号

禅境丛书
围炉夜话　偶谭
［清］王永彬　　［明］李鼎　著
吴言生　译注

上海古籍出版社出版、发行
(上海市闵行区号景路159弄1-5号A座5F　邮政编码201101)
(1)网址：www.guji.com.cn
(2)E-mail：guji1@guji.com.cn
(3)易文网网址：www.ewen.co
启东市人民印刷有限公司印刷
开本 850×1168　1/32　印张6.125　插页3　字数152,000
2016 年 8 月第 1 版　2023 年 11 月第 5 次印刷
印数：14,601—15,700
ISBN 978-7-5325-8143-6
Ⅰ·3086　定价：24.00 元
如发生质量问题，读者可向工厂调换